THE HANDY ASTRONOMY
ANSWER BOOK

机敏问答

探索宇宙
的奥秘

[美]查尔斯·刘 著

宋涛 译

上海科学技术文献出版社
hanghai Scientific and Technological Literature Press

图书在版编目（CIP）数据

探索宇宙的奥秘／（美）查尔斯·刘著；宋涛译．
—上海：上海科学技术文献出版社，2025. —（机敏问
答）. —ISBN 978-7-5439-9320-4

Ⅰ. P159-49

中国国家版本馆 CIP 数据核字第 2024N1D475 号

责任编辑：张雪儿
封面设计：留白文化

探索宇宙的奥秘

TANSUO YUZHOU DE AOMI

[美]查尔斯·刘 著 宋 涛 译
出版发行：上海科学技术文献出版社
地　　址：上海市淮海中路 1329 号 4 楼
邮政编码：200031
经　　销：全国新华书店
印　　刷：商务印书馆上海印刷有限公司
开　　本：787mm×1092mm　1/16
印　　张：13
字　　数：229 000
版　　次：2025 年 4 月第 1 版　2025 年 4 月第 1 次印刷
书　　号：ISBN 978-7-5439-9320-4
定　　价：48.00 元
http://www.sstlp.com

前　言

为什么星星会发光？如果你掉入了黑洞，会发生什么？月球是由什么构成的？冥王星到底是不是行星？外星生命是否存在？地球的年龄有多大？人类可以在外层空间生活吗？类星体是什么？宇宙是如何开始的？宇宙又将如何结束？当我们谈到宇宙时，每个人看起来都有成千上万个问题要问。

读者们很幸运，这本书恰好为天文学的常见问题提供了答案。

实际上，这本书包含了关于宇宙及其运行原理的问题和答案，它不仅向读者介绍了科学现象和科学数据，而且还向读者讲解了天文学领域的其他知识。本书通过问答的形式介绍了宇宙及其中的天体。同时，本书还介绍了人类在历史上是如何探索并破解宇宙奥秘的。

自文明曙光初现以来，人们一直试图了解各种天体：它们是什么？它们如何运动？它们为什么运动？起初，这一切对于人类来说都是谜团，所以我们的祖先创造了神话和传说来解释这些谜团，赋予恒星和行星各种超自然的特征。后来，人们渐渐地意识到，宇宙和其中的天体都是自然界的一部分，世界上的每个人，而不仅仅是少数特权阶层，都有机会了解它们。就这样，天文学诞生了。

什么是科学？在某些人看来，科学是厚厚的大书中所罗列出的一系列事实，穿着实验服的长者要求孩子死记硬背，然后全忘光。实际上，科学是一个权衡事实、做出有根据的猜测，然后用预测、实验和观察来检验猜测的过程。在科学研究中，人类总是不断地提出问题并找到问题的答案，这本书讲的就是这些内容。通过阅读本书，读者不仅可以了解到问题以及提出问题的人，而且可以了解到这些人是如何尝试寻找问题的答案，以及他们在这一过程中发现了什么。人类之所以能够对宇宙有这么多的了解，要感谢那些在天文研究前沿领域中孜孜不倦进行探索的人——他们在工作中不断地提出新问题，他们的努力为天文学的发展奠定了基础。

这种探索仍在继续。人类目前已经利用地基望远镜和空间望远镜看到了可观测宇宙的边缘地带。同时，我们还利用机器人航天器探索遥远的星球。此外，人类已经完成了太空行走，亲自迈出探索太空的第一步。然而，我们了解得越多、经历得越多，就越意识到还有太多的太空谜团等待我们去破解。本书所包含的问题可以发挥抛砖引玉的作用。衷心祝愿读者们可以像我们的前辈一样提出更多的问题。同时，祝愿大家在寻找答案的过程中，能够体会到成功带来的快乐！

[美] 查尔斯·刘

目录

第**1**章
天文学的基础知识　　　　　001

第**2**章
宇宙　　　　　035

第**3**章
星系　　　　　061

第**4**章
恒星　　　　　093

第**5**章
太阳系　　　　　131

第**6**章
地球　　　　　172

第**7**章
月球　　　　　188

第1章
天文学的基础知识

天文学领域的重要学科

天文学是什么？

天文学是研究宇宙及其中一切事物的学科。天文学的研究对象包括运动、物质和能量，还包括行星、卫星、小行星、彗星、恒星和星系以及各种天体之间的气体和尘埃。当然，天文学的研究领域不仅仅局限在上述方面，甚至还包括对宇宙自身的研究，如宇宙的起源、宇宙的演化和宇宙的最终命运。

天体物理学是什么？

天体物理学是将物理学的科学原理应用于宇宙及其中一切事物的学科。天文学家们获取关于宇宙信息的最重要的方法是收集并分析宇宙各部分的光能。在研究空间、时间、光、发光物体和反射光的物体的过程中，物理学是最相关的学科。人们在今天所进行的绝大多数天文学研究中都会使用物理学知识。

力学是什么？

力学是物理学的一个分支学科，它系统地描述物体的运动。物体的运动系统可能非常简单，例如地球和月球组成的系统；物体的运动系统也可能非常复杂，例如太阳、太阳系中的行星和其他天体组成的系统。力学的深入研究会涉及复杂细致的数学计算。

天体化学是什么？

天体化学是将化学的科学原理应用于宇宙及其中一切事物的学科。现代化学主要研究分子及分子间的相互作用，相关研究几乎完全是在地球的表面或附近进行的。换句话说，化学研究是在特定的温度、引力和压强条件下进行的。与物理学相比，将化学应用于宇宙研究不会那么直接和全面。即使这样，天体化学对于宇宙研究仍然是极为重要的，这是因为行星大气层和行星表面的化学物质的相互作用对于科学地理解太阳系中的行星和其他天体是至关重要的。在银河系和其他星系的星际云中已经发现了许多化学物质，包括水、一氧化碳、甲烷、氨、甲醛、丙酮（我们用它清洗指甲油）、乙二醇（我们把它用作防冻剂）和1,3-二羟基丙酮（我们把它用作美黑剂）。

天体生物学是什么？

天体生物学是将生物学的科学原理应用于宇宙及其中一切事物的学科。这是天文学领域的一个全新的分支学科。然而近些年来，利用生物学知识对宇宙进行相关研究呈现出蓬勃发展的态势，天体生物学在宇宙研究领域中的地位已经变得极为重要。它可以利用现代天文学的研究技术和研究方法寻找存在于地球以外的生命，搜寻可能存在这种生命的环境，研究这些生命的进化过程。

宇宙学是什么？

作为天文学的一个分支学科，宇宙学专门研究宇宙的起源。在现代天文学出现以前，宇宙学一直属于宗教和哲学的范畴。今天，宇宙学已经成为一门充满活力的自然科学，它的研究也不仅仅局限于仰望星空。现代科学理论表明：宇宙的体积一度比一个原子核还要小得多。这意味着要破解宇宙起源和早期宇宙的谜团，在现代粒子物理学领域展开相关研究是十分必要的，而这些研究完全可以在地球表面进行。

在众多相关学科中，对于天文学来说最重要的是哪个？

在研究宇宙及其中物质的过程中，物理学是最重要的相关学科。事实上，"天文学"和"天体物理学"这两个术语在当代经常被互换使用。当然，所有学科对于天文学研究都是重要的。一些在今天看起来与天文学关系不大的学科，在将来的某一天可能会对天文学研究至关重要。例如，如果科学家们最终在地球以外发现了具有相当水平的智慧生命，那么心理学和社会学将成为对宇宙进行整体研究的关键学科。

古代的天文学

人们是什么时候开始研究天文学的？

天文学可能是最古老的自然科学之一。从史前时期开始，人们就开始仰望天空并观测太阳、月亮、行星和其他恒星的运动。当人类开始发展第一批应用科学，如农学和建筑学时，他们已经非常了解天体。古代的人类利用天文学帮助他们纪时并尽可能增加农业的收成。天文学在神话和宗教的发展过程中也极有可能发挥了重要的作用。

在发明望远镜以前，早期的天文学家利用什么来观测宇宙？

像生活在公元前 2 世纪的喜帕恰斯和公元 2 世纪的托勒密这样的古代天文学家，已经可以使用日晷、三角尺来描绘行星和其他天体的位置和运动。

到了公元 16 世纪，人类已经发明了更为复杂的天文观测工具。著名的丹麦天文学家第谷·布拉赫自制了许多天文观测工具，其中包括六分仪、半径 6 英尺（约 1.8 米）的四分仪、星盘和各种浑天仪。

星盘可以帮助航海家们通过测定恒星的位置来导航。在成百上千年的时间里，航海家们一直在航行中使用星盘。

星盘是什么？

星盘是天文学家们用来观测星星相对位置的一种工具，它也可以被用来计时、导航和测量。最常见的一种天文星盘被称为平仪，它实际上是被雕刻在圆形金属盘上的星图。在圆盘的圆周上刻有小时和分钟的时间刻度。一个内环被固定在金属盘上,代表地平线。一个可调节的外环代表看似围绕地球旋转的天空。

在使用星盘时,天文观测者会将一个金属环固定在圆形星图的顶端,然后再把星盘挂上去。接下来,他们利用星盘背面的对准装置将星盘对准一颗恒星。在对准恒星方向的过程中,外环会沿着圆盘的边缘旋转,指示白天或黑夜的具体时间。人们还可以调节对准装置,以此测量观测者所在的纬度和海拔。

一般认为是谁发明了星盘?

人们普遍认为,古希腊数学家亚历山大城的希帕蒂娅是西方文明社会中第一位学习并讲授先进数学知识的女性。当时,亚历山大博物馆是著名的学习机构。它既是当时世界上最大的图书馆,也包括许多学校和公共礼堂。塞翁是希帕蒂娅的父亲,他也是博物馆中最后一位有记载的研究员。

希帕蒂娅在博物馆里教书,传播新柏拉图主义哲学。公元 400 年左右,希帕蒂娅成为这一流派的领袖。她因讲课生动有趣而出名。同时,她还撰写了许多涉及数学、哲学和其他学科领域的著作和文章。虽然留下的书面记录很少,关于希帕蒂娅生平的大部分信息也遗失了,但有记载表明,正是希帕蒂娅发明或帮助发明了星盘。

星相学是什么?

星相学是天文学的前身。古代人已经意识到太阳、月球、行星和其他恒星是宇宙的重要组成部分。不过,他们只能对这些天体的作用和它们对人类生活的影响进行猜想。这种猜想后来演变成算命。在世界各国的古代文化中,星相学都拥有重要的地位,但是它毕竟不是科学。

古代中东文明对天文学有哪些了解?

美索不达米亚文明(包括苏美尔文明、巴比伦文明、亚述文明和迦勒底文明等)对于太阳、月球、行星和其他恒星的运动有相当多的了解。他们划分出黄道十二宫。他们所修建的塔庙有可能是早期的天文台。

在距今 1 000 年以前,阿拉伯天文学家在许多伊斯兰帝国中修建了规模很大的天文台。直到今天,我们仍使用阿拉伯名字来称呼天空中许多家喻户晓的星星。

古代美洲文明对天文学有哪些了解?

古代美洲文明对于天文学拥有相当多的了解,包括月相、日食和月食,以及行星的运动。在印加文明、玛雅文明和其他中美洲文明中,几乎所有寺庙和金字塔都按照天体的运动来排列和装饰。例如,在位于墨西哥南部的奇琴伊察遗址,在每年春分(3月21日)和秋分(9月21日)的时候,太阳投下的影子会在库库坎尔金字塔(修建于1 000多年以前)上形成羽蛇神的样子,巨大的蛇仿佛在金字塔上不断地爬行。

向北,在位于美国新墨西哥州查科峡谷的阿纳萨齐遗址,我们可以清楚地看到古代印第安天文学家的作品,那就是著名的"太阳匕首"岩画。在这些岩画上,古代印第安天文学家标示出了夏至点、冬至点、春分点、秋分点和月球的18.6年的交点退行周期。

位于墨西哥南部的奇琴伊察遗址

《德累斯顿抄本》怎样描述玛雅天文学?

距今1 000年以前,在玛雅文明的鼎盛时期,有一个规模很大的图书馆。现存的3部玛雅文明的抄本都出自这个图书馆。在3部玛雅文明抄本中,有一部抄本被称为《德累斯顿抄本》,这是因为它是在19世纪晚期在德国德累斯顿图书馆的档案中被发现的。这本书包括对月球和金星的运动的观测,以及对月食发生的时间的预测。

也许《德累斯顿抄本》最伟大之处在于它完整地记录了金星围绕太阳运行的轨道。玛雅文明的天文学家们正确地计算出金星的运行周期是 584 天。这些天文学家是通过下面的方法得出结论的：他们首先记录金星在清晨出现在天空的天数，然后记录金星在夜晚出现在天空的天数，最后记录由于金星运行到太阳的另一侧，人们无法观测到金星的天数。天文学家们把金星和太阳同时升起的日子作为金星运行周期的起点和终点。

中国古代文明对天文学有哪些了解？

世界上一些早期的天文发现是由中国人实现的。在大约公元前 1500 年的时候，中国就有了对天体的祭祀。公元前 613 年，中国人观测到一颗彗星（今天所说的哈雷彗星）并记录了下来。此外，从商代开始的几千年中，中国人先后观测并记录下了日食、月食、太阳黑子、超新星爆发、流星等天体和天文现象。

中国的天文学家们在天文学领域为世界做出了数不清的贡献。例如，他们创制了最早的日历。到汉代的时候，中国的天文学家们已经绘制出许多星图。他们还创制了早期的天体位置图，他们在图中标出了恒星以北极为参照物时的相对位置。中国的天文学家们还对太阳进行了观测；为了保护眼睛，他们透过半透明的水晶或玉来观测太阳。

中国的宋朝开始于公元 960 年，这一时期是天文研究和天文发现蓬勃发展的时期。大约在这一时期，第一个天文钟——水运仪象台建成了。

古埃及文明对天文学有哪些了解？

古埃及人在修建金字塔和方尖碑时，对天体的出没规律已经有了清晰的了解。早在公元前 3000 年左右时，古埃及人就创制了以 365 天为周期的太阳历。他们根据对 36 组恒星（称为"旬星"）的夜间观测结果，分 1 天为 24 小时。在仲夏时分，人们只能看到 12 组"旬星"，这时的夜空被平均分为 12 份，对应现代时钟上的 12 小时。这时，夜空中最亮的恒星天狼星会与太阳同时升起。在英语中，人们把夏季的三伏天称为"夏天的狗日"（dog days of summer），这一说法与上述天文现象有关。

其他古代文明对天文学有哪些了解？

在世界上所有重要的古代文明社会中，对夜空的了解始终是文化的主线。例如，在波利尼西亚文明中，人们在太平洋上航行时利用昴星团（这个星团也被称为七姊妹星）来指引方向。在澳大利亚土著文明、南亚文明、因纽特文明和其他北欧文明中，许多神话传说和传奇故事都与太阳和月球的运动有关。另外，在这些文明中，人们还分别绘制出了自己的恒星图和星座图。

巨石阵是什么？

巨石阵是世界上最著名的古代天文学遗址之一。这个遗址实际上是由一系列的大石头、大坑和深沟组合而成的。它位于英格兰的西南部，距离索尔兹伯里市大约8英里（约12.9千米）。在公元前3100—公元前1100年，古代威尔士和英格兰的一些崇拜自然的德鲁伊特祭司修建和重建了巨石阵。

考古学家们认为巨石阵对于天文学研究具有特殊的意义。巨石阵的修建者们按照头脑中的天文现象模式来修建巨石阵。在巨石阵遗址中，有一个石柱被称为"脚跟石"，它所在的位置非常靠近夏至日第一缕阳光投下的地方。所以，巨石阵可以被当作一种日历来使用。还有证据表明，巨石阵曾经被当作预测月食的工具。

英国的巨石阵可能被信仰德鲁伊特教的祭司们当作一种天文日历。

古希腊的天文学家对天文学的发展做出了哪些贡献?

古希腊的天文学家们对天文学的发展做出了许多贡献。他们中的许多人是数学研究领域和科学探索领域的开拓者。比较有名的人物包括:厄拉多塞、阿利斯塔克、喜帕恰斯和托勒密。其中,厄拉多塞第一个用数学的方法测量出地球的体积,阿利斯塔克第一个提出了地球围绕太阳运行的假说,喜帕恰斯准确地绘制出恒星图并计算出天空的几何形状,托勒密所提出的太阳系的模型在 1 000 多年的时间里统治着西方文明的思想体系。

托勒密所提出的太阳系模型是什么样的?

在大约公元 140 年的时候,生活在埃及亚历山大的古希腊天文学家托勒密出版了一套 13 卷的论著,它最初被称为《数学论文》,今天的人们把这部论著称为《天文学大成》。托勒密的这部论著是建立在许多前辈著作的基础上的,包括欧几里得、亚里士多德和喜帕恰斯的著作。有时,托勒密在自己的论著中也会简单地复述前辈们的观点。他所描述的宇宙和太阳系模型在 1 000 多年的时间里是西方文明的天文学教条。

按照托勒密的模型,地球位于宇宙的中心,月球、太阳、水星、金星、火星、木星和土星围绕地球运转。天空中的恒星镶嵌在天球上,位置固定,天球围绕地球运行,所以这些天体与地球之间距离是固定不变的。行星绕行地球的轨道是圆形的,而且它们还在运行轨道上绕着本轮旋转,这就是为什么有时候这些行星会在天空中退行。托勒密还编制了夜空中 1 000 多颗恒星的目录。虽然托勒密提出的太阳系模型被伽利略、开普勒、牛顿和 17 世纪初的其他科学家证明是错误的,但是他对于天文学这门现代科学的发展还是起到了非常重要的作用。

罗马帝国灭亡后世界天文学研究的状况如何?

欧洲中世纪时期,天文学的研究仍在继续,但是进展缓慢。另一方面,西亚的阿拉伯文化在天文学和数学领域不断向前发展,持续了数百年。欧洲的停滞和阿拉伯的进步一直持续到欧洲文艺复兴时期。与此同时,中国的天文学家继续他们的研究工作,完全不受罗马世界所发生的事件的影响。

中世纪和文艺复兴时期天文学的发展

中世纪欧洲的天主教会对天文学的发展有什么影响？

大多数历史学家都认为，中世纪欧洲的天主教会所拥有的巨大权力阻碍了当时欧洲的天文学研究。在天主教的教义中有这样一则教条：宇宙是永恒不变的。所以，当人们在公元 1054 年观测到一颗超新星时，世界其他地区的人都记录了这一天文现象，而在欧洲却毫无记载。天主教的另一个错误是坚称太阳、月球和其他行星都在围绕地球运行。直到罗马帝国灭亡 1 000 年后的 16 世纪，天主教会才对天文学的发展做出了一点贡献，例如制定精确的历法。

谁第一个质疑地心说的太阳系模型？

波兰数学家和天文学家尼古拉斯·哥白尼在 1507 年提出，太阳是太阳系的中心，而不是地球。其实，早在大约公元前 260 年，古希腊天文学家阿利斯塔克就提出过类似的"日心说"模型，但是，这一理论在整个中世纪无人问津。所以，哥白尼是古典时代以后第一个质疑地心说理论的欧洲人。

尼古拉斯·哥白尼

哥白尼是如何提出日心说模型的？

1543 年，哥白尼在去世前不久出版了《天体运行论》一书。哥白尼在书中提出了日心说的模型。根据他在书中所描述的日心说模型，水星、金星、地球、火星、木星和土星在同心圆轨道上围绕太阳运行。

哥白尼去世以后，日心说理论是如何发展的？

遗憾的是，《天体运行论》一书在 1616 年被天主教会列为禁书，直到 1835 年才解禁。不过，在被禁以前，日心说已经在天文学家和学者中广为流传。伽利略最终利用天文观测证明了日心说的正确。约翰内斯·开普勒系统地阐述了行星的运动规律，描述了日心说模型下的行星是如何运动的。艾萨克·牛顿系统地阐述了运动定律和万有引力定律，从而解释了行星围绕太阳运转的原理。

伽利略是谁？

伽利略

意大利学者伽利略被许多历史学家认为是第一位现代科学家，也是文艺复兴时期意大利最后一个伟大的学者。伽利略出生在佛罗伦萨，在佛罗伦萨和附近的帕多瓦度过了自己的大部分职业生涯。他通过大量的实验和观测展开对自然界的探索。他雄辩地论述了自然科学和哲学的众多话题。同时，他一直在反抗当时的学术权威——天主教会不愿意承认伽利略的发现所阐述的科学理论。伽利略的工作为后人研究科学理论和发现自然规律开辟了道路。

伽利略在哪些方面增进了我们对宇宙的理解？

伽利略是第一个用望远镜来观测太空的人。虽然用现代的科学标准来衡量，他当时使用的望远镜还是相当简陋的，但是他以此观测到了神奇的宇宙景象，包括金星的状态、月球上的山脉、银河系中从未被发现的恒星和木星的 4 颗卫星。伽利略在 1609 年出版了《星际使者》一书，在书中列举了自己的天文发现，引发了巨大的轰动和争议。

伽利略对地球上的现象所进行的观测和实验，在动摇宇宙物理规律的传统观念方面，也发挥了同等重要的作用。有一次，伽利略在倾斜的比萨斜塔上同时掷下两个质量不同的金属球，结果两个金属球同时落地，这表明物体的质量对物体的下落速度没有影响。

在《关于两门新科学的对话》一书中，伽利略阐述了物体在地球上和太空里运动的基本原理。这部著作为物理学奠定了基础，艾萨克·牛顿和其他追随者均在此基础上进行阐发。

伽利略和天主教会之间发生了什么？

伽利略所支持的日心说，被当时的意大利视为异端邪说。天主教会在对伽利略进行审讯时威胁说，如果他拒不撤回著作，那么他将面临酷刑或者被处死。最终，伽利略还是撤回了他的观点，并在生命的最后10年里遭到软禁。据说，在公开撤回言论以后，伽利略私下里跺着脚说："不管怎么说，它（地球）的确在动。"

 第谷·布拉赫是谁？

第谷·布拉赫，身为丹麦贵族，却并不投身政治，而是致力于天文学的研究。1576年，他得到丹麦国王弗雷德里克二世的许可，在汶岛建造天堡天文台。在这座天文台里，配备了许多大型且精确的天文观测仪器。在当时，天堡是同类天文设施中技术最先进的，因此，第谷对行星运动的测量比以往任何测量都要精确。这个大型天文台和其中的天文观测仪器帮助第谷的弟子约翰内斯·开普勒确定了行星是在椭圆形轨道上围绕太阳运行的。

 约翰内斯·开普勒是谁？

德国天文学家约翰内斯·开普勒对太阳系中的天体和几何形状（如球体和立方体）之间的数学和神学联系非常感兴趣。开普勒在成为天文学家以前，于1596年发表了一部名为《宇宙的奥秘》的著作，他在书中讨论了一些与上述话题有关的观点。后来，他成为丹麦天文学家第谷·布拉赫的助手，这使他有机会接触到第谷的实验数据，并在此基础上提出了天体围绕太阳运行的基本规律。

 约翰内斯·开普勒在哪些方面增进了我们对宇宙的理解？

开普勒与第谷·布拉赫合作，直到1601年第谷去世。在第谷去世以后，开普勒成为神圣罗马帝国皇帝身边的皇家数学家，这使得他有机会接触第谷生前的全部实验数据，其中就包括对火星的详细观测数据。他利用这些数据得出结论：火星围绕太阳运行的轨道是椭圆形而不是圆形。

1604年，他观测到一颗超新星并对它进行了研究，他认为这是一颗新的恒星。在这颗超新星最亮时，它的亮度接近金星。如今，它被命名为开普勒新星。

开普勒利用自制的望远镜证实了伽利略所发现的木星卫星。

在他的职业生涯后期，开普勒还出版了一本关于彗星的论著和一本关于行星运动的星表，该星表名为《鲁道夫星表》，在接下来的 1 个世纪中，天文学家们一直使用这本星表。

开普勒最著名的贡献是他提出了行星运动三大定律，被称为开普勒定律。

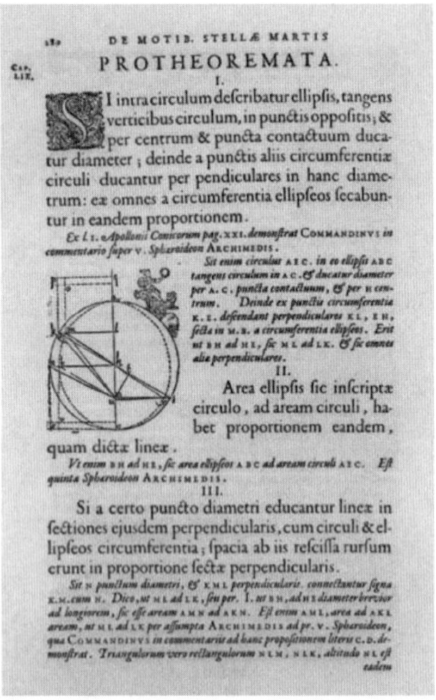

DE MOTIB. STELLÆ MARTIS

PROTHEOREMATA.

Cap. LIX.

I.

SI intra circulum describatur ellipsis, tangens verticibus circulum, in punctis oppositis; & per centrum & puncta contactuum ducatur diameter; deinde a punctis aliis circumferentiæ circuli ducantur per pendiculares in hanc diametrum: eæ omnes a circumferentia ellipseos secabuntur in eandem proportionem.

Ex l. 1. Apollonii Conicorum pag. XXI. demonstrat COMMANDINVS *in commentario super V. Sphæroideon* ARCHIMEDIS.

Sit enim circulus A E C. *in eo ellipsis* A B C *tangens circulum in* A C. *& ducatur diameter per* A. C. *puncta contactuum, & per* H *centrum. Deinde ex punctis circumferentiæ* K. E. *descendant perpendiculares* K L, E H, *secta in* M. B. *a circumferentia ellipseos. Erit ut* B H *ad* H E, *sic* M L *ad* L K. *& sic omnes aliæ perpendiculares.*

II.

Area ellipsis sic inscriptæ circulo, ad aream circuli, habet proportionem eandem, quam dictæ lineæ.

Vt enim B H *ad* H E, *sic area ellipseos* A B C *ad aream circuli* A E C. *Est quinta Sphæroideon* ARCHIMEDIS.

III.

Si a certo puncto diametri educantur lineæ in sectiones ejusdem perpendicularis, cum circuli & ellipseos circumferentia; spacia ab iis rescissa rursum erunt in proportione sectæ perpendicularis.

Sit N *punctum diametri, & K M L perpendicularis. connectantur signa K. M. cum N. Dico, ut M L ad L K, seu per. I. ut B H, ad H E diameter brevior ad longiorem, sic esse aream A M N ad A K N. Est enim A M L, area ad A K L aream, ut M L ad L K per assumpta* ARCHIMEDIS *ad pr. V. Sphæroideon, qua* COMMANDINVS *in commentariis ad hanc propositionem literis C. D. demonstrat. Triangulorum vero rectangulorum N L M, N L K, altitudo N L est eadem*

上图的文稿出自开普勒 1609 年发表的著作《新天文学》。这本著作主要通过描述火星围绕太阳运行的过程，阐述了两条行星运动的规律。

开普勒第一定律是什么?

根据开普勒第一定律，行星、彗星和太阳系内的其他天体沿椭圆轨道运行，而太阳恰好位于椭圆的一个焦点上。椭圆的离心率可能很大，也可能小到被人忽略。例如，地球的运行轨道几乎呈圆形，冥王星的运行轨道则明显是扁长的椭圆形，绝大多数彗星的运行轨道则拉得更长。无论运行轨道是扁是圆，都体现了太阳引力对天体运动路径的影响。

开普勒第二定律是什么?

根据开普勒第二定律，行星在轨道上运行，在相等时间内扫过相等的面积。这意味着当行星接近太阳时，它的运动速度会变快；反之，当行星远离太阳时，它的运动速度会变慢。后来的许多天文学家，例如艾萨克・牛顿，发现开普勒第二定律之所以成立，是因为运动系统有一个重要性质：角动量是守恒的。这一发现进一步揭示了天体运行的物理规律，为后续的天文学和物理学研究奠定了重要基础。

开普勒第三定律是什么?

根据开普勒第三定律，行星与太阳之间距离的立方与行星公转周期的平方成正比。开普勒是在 1619 年发现这一定律的，距离他发表前两个行星运动定律已经过去了 10 年时间。只要知道天体的公转周期，我们就可以根据开普勒第三定律计算出太阳与太阳系内的任何一颗行星、彗星或小行星之间的距离。这一发现对于天文学研究意义重大，因为它提供了一种计算天体间距离的有效方法。

克里斯蒂安·惠更斯是谁？

荷兰天文学家、物理学家和数学家克里斯蒂安·惠更斯是科学史上最重要的人物之一，他是伽利略与牛顿之间的关键过渡性科学家。他的研究对于现代物理学和天文学的发展至关重要。惠更斯提出动量守恒定律，发明了摆钟，并成为第一位提出光的波动理论的科学家。此外，他还设计并制造出当时最清晰的透镜以及观测能力最强的望远镜。在这些观测工具的帮助下，他成为第一个发现土星环的人，并成功地发现了土星最大的卫星土卫六。

克里斯蒂安·惠更斯

艾萨克·牛顿是谁？

英国数学家、物理学家和天文学家艾萨克·牛顿是人类历史上最伟大的天才之一。1665 年，由于黑死病的暴发，牛顿就读的剑桥大学被迫关闭，牛顿也不得不离开学校，回到自家的农场工作。在接下来的 2 年里，他在数学和物理学领域内取得一系列非凡的进展，涉及微积分学、运动定律和万有引力定律几个方面。

牛顿在 1667 年回到了剑桥大学，并最终获得了卢卡斯数学教授席位。在剑桥大学，他还发现了光学的一些根本性原理，并发明了一种新型望远镜。此外，他在好友、天文学家埃德蒙·哈雷的鼓励和经济支持下，于 1687 年出版了其最伟大的著作《自然哲学的数学原理》。

牛顿后来成为英国议会的议员，并被任命为英国皇家铸币局局长。他提出了在硬币的边缘刻上脊线的主意，这主要是为了防止某些人刮削硬币，将贵金属屑据为己有。英国女王在 1705 年封牛顿为爵士，牛顿成为有史以来第一位获此殊荣的科学家。他还被选为当时世界上最重要的学术机构——英国皇家学会的主席。

1727 年 3 月 31 日，艾萨克·牛顿在伦敦与世长辞。

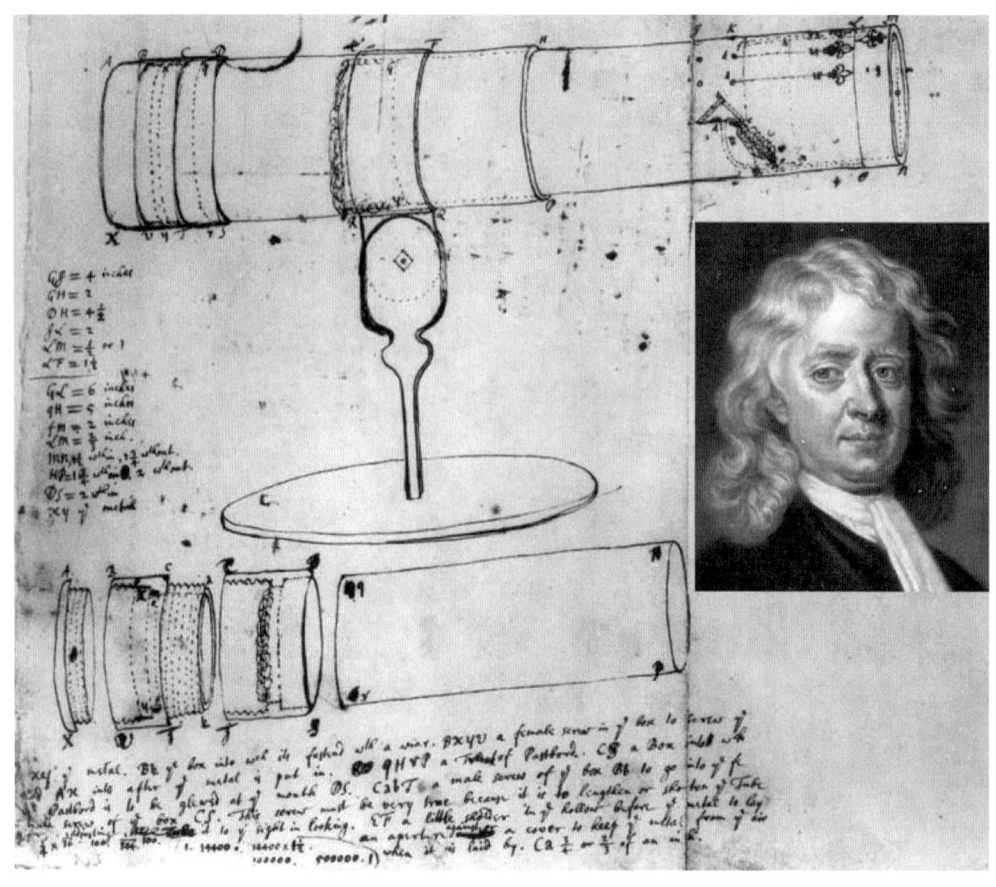

艾萨克·牛顿，以及他的新型望远镜的草图和说明

牛顿在哪些方面增进了我们对宇宙的理解？

在《自然哲学的数学原理》一书中，牛顿提出了万有引力定律和他的三大运动定律。此外，他的其他作品中还记录了他在科学领域内所取得的其他重大进步。在光学方面，牛顿提出，太阳光是由多种颜色的光构成的。在数学方面，牛顿发展出了许多新的研究方法，这些方法构成了现代数学的大部分基础，包括微积分（德国哲学家和数学家戈特弗里德·威廉·莱布尼茨也独立提出了微积分）。在宇宙学方面，牛顿提供了一个理论框架，现代天文学家利用这一框架来计算膨胀的宇宙的密度。在天文学方面，牛顿发明了一种使用镜子而不是透镜的望远镜，这种望远镜是今天建造的所有主要天文望远镜的基础。

✴ 牛顿第一运动定律是什么?

根据牛顿第一运动定律,"任何物体都要保持匀速直线运动或静止状态,直到外力迫使它改变运动状态为止"。这一定律也被称为惯性定律。简单地说,物体会一直保持静止状态或匀速直线运动状态,除非它受到了推或拉等力的作用。这条规律表达的是运动的一种基本属性,即线动量的守恒。从数学的角度来说,物体的动量等于其质量与速度的乘积。

✴ 牛顿第二运动定律是什么?

根据牛顿第二运动定律,"动量为 $\vec{p}$ 的质点,在外力 $\vec{F}$ 的作用下,其动量随时间的变化率同该质点所受的外力成正比,并与外力的方向相同;用公式表达为: $\vec{F}=\dfrac{\mathrm{d}\vec{p}}{\mathrm{d}t}$ "。简单地说,物体加速度的大小与合外力成正比,与物体质量成反比(与物体质量的倒数成正比);加速度的方向与合外力的方向相同。这一定律把力与运动或动量的改变联系起来。从数学的角度来说,物体的力等于其质量与加速度的乘积。

✴ 牛顿第三运动定律是什么?

根据牛顿第三运动定律,"相互作用的两个质点之间的作用力和反作用力总是大小相等,方向相反,作用在同一条直线上"。简单地说,两个物体间的相互作用力总是大小相等、方向相反。这意味着当一个物体向另一个物体施加作用力时,这一物体一定会同时受到同样大小的反作用力。这一定律可以解释下面的现象:当一名滑冰者将另一名滑冰者推向前方时,他自己会同时向后滑去。

✴ 为什么牛顿的运动定律非常重要?

牛顿的《自然哲学的数学原理》以及他在书中阐述的理论,从根本上改变了我们对宇宙及组成宇宙的物质的相互关系的理解。在牛顿的运动定律被广泛接受之后,人们终于明白,太空中天体的运动遵循着与地球上物体运动相同的自然法则。这一认识改变了对人类与太空之间的基本关系的理解。现在,人们把太空中的天体当作普通物体来研究,而不再将它们视为不可知的神或超自然的实体。这引领了当今科学研究事业。

◎ 牛顿的万有引力定律是什么？

根据牛顿提出的万有引力定律，宇宙中的每一个物体都会对其他的物体施加引力；引力的大小与两个物体质量的乘积成正比，与两个物体间距离的平方成反比。

◎ 牛顿的万有引力定律对天文学的发展有什么重要意义？

牛顿的万有引力定律表明，太阳系中的天体按照一套数学上可以预测的规律运动。它从科学的角度证明了开普勒的行星运动三大定律是正确的，并使科学家们可以预测天体的位置和运动。例如，埃德蒙·哈雷利用这一定律预测出一颗著名的彗星的运行周期是 76 年，他的预言在他去世以后得到了证实，人们把这颗彗星称为哈雷彗星。哈雷的预测是天文学史上的一个里程碑，它代表着人类终于摆脱了迷信无知，而进入了科学理性的时代。

18 世纪的科学进步

◎ 18 世纪有哪些重大科学进步极大地推动了天文学的发展？

18 世纪，对数学的研究超越了莱布尼茨和牛顿建立的微积分学，推动了物理学中力学这一分支的发展。

科学家们开始通过在实验室内进行实验的方法来理解电的本质，同时，他们也通过研究闪电现象来认识电的性质。

光学家开始研发望远镜，使天文学家能够观测到肉眼看不到的天体。天文学家们开始利用这些望远镜系统地对太空进行探测，并编制了详细的天体目录。

◎ 皮埃尔-西蒙·拉普拉斯对科学做出了哪些贡献？

法国数学家和天文学家皮埃尔-西蒙·拉普拉斯在数学、天文学和其他科学领域内为人类做出许多重大贡献。他和化学家安托万-洛朗·拉瓦锡合作，加深了人们对化学反应与热量之间的相互关系的理解。在物理学领域，拉普拉斯利用牛顿和莱布尼茨不久之前提出的微积分，计算出物质之间的作用力。拉普拉斯和他的同事们还创建了一系列方程，这些方程可以解释光的折射、热的传导、固体的柔韧度和电在导体上的分布。

在天文学方面，拉普拉斯主要对太阳系中天体的运动及它们之间复杂的引力作用感兴趣。他将自己多年的研究成果编写成一部多卷著作《天体力学》，它的第一卷于1799年问世。拉普拉斯还提出了关于太阳和太阳系形成的星云学说。此外，他与同事约翰·米歇尔共同提出了"暗星"的概念，这一概念后来被称为黑洞。由于他在天文学领域的杰出表现，再加上他对艾萨克·牛顿的引力理论的发展，拉普拉斯被誉为"法国的牛顿"。

皮埃尔-西蒙·拉普拉斯

约瑟夫-路易斯·拉格朗日对科学做出了哪些贡献？

约瑟夫-路易斯·拉格朗日是意大利数学家，但他通常被认为是法国科学家，因为他职业生涯的最后时光是在巴黎度过的。他提出了一些关于地球和宇宙的最重要的力学理论。1764年，他对月球围绕自转轴的摆动所做的分析为他赢得了巴黎科学院的奖项。拉格朗日还致力于研究各种力整体作用于运动物体和静止物体的方式，这是伽利略和牛顿多年前就已开始研究的课题。拉格朗日最后成功地设计出几种关键的通用数学工具来分析这些力，这些成果被写入1788年出版的《分析力学》一书。后来，拉格朗日持续研究在太阳系中天体之间相互作用的复杂系统。他发现，在两个受引力束缚的物体之间或周围，存在某些点，位于这些点的第三个物体可以相对于上述两个物体基本保持静止。这些点被人们称为拉格朗日点。今天，人们利用这一原理在太空中安置卫星。1793年，拉格朗日被任命为度量衡委员会成员。在他的帮助下，该委员会创建了现代计量体系。在最后的职业生涯中，他致力于开发新的数学微积分系统。

莱昂哈德·欧拉对科学做出了哪些贡献？

瑞士数学家莱昂哈德·欧拉可能是历史上最多产的数学家。在他的努力下，牛顿和莱布尼茨独立创立的微积分体系被统一了起来。他在几何学、数论、实分析与复分析和其他许多数学领域内做出了重要贡献。1736 年，欧拉出版了力学领域的一部重要著作，书名就叫《力学》。书中，欧拉提出如何用数学分析的方法来解决复杂的问题。后来，他又出版了另一部关于流体静力学和刚体力学的著作，并在天体力学和流体力学的研究领域做了大量工作。他还出版了一部长达 775 页的专著，专门研究月球的运动。

阿德利安-马里·勒让德对科学做出了哪些贡献？

法国数学家阿德利安-马里·勒让德从 1775 年开始同皮埃尔-西蒙·拉普拉斯一起在法国军事学院任教。1782 年，勒让德获得了最佳研究项目奖，他研究的课题是炮弹在空中飞行时的速度、路径和相关飞行动力学原理。次年，他又当选为法国科学院院士，此后，他把抽象数学研究同天体力学的相关研究有机地结合起来。1794 年，勒让德出版了一本几何学教材，这本教材在将近 1 个世纪的时间里一直是相关领域内的权威之作。1806 年，他出版了《确定彗星运行轨道的新方法》一书，他在书中介绍了如何利用不完整的数据找到数学曲线的方程式。勒让德如今最为人所知的是他在椭圆函数方面的工作，以及他所提出的勒让德多项式（勒让德多项式对于研究谐振和发现适合大量数据点的数学曲线是非常有价值的工具）。

谁制作了《梅西耶星表》？

法国天文学家夏尔·梅西耶是一位著名的彗星发现者。用当时的望远镜发现彗星是一项非常困难的任务，而成功发现彗星的人会得到巨大的声誉和威望。梅西耶发现了 10 多颗彗星。他还发现了夜空中一些看似可能是彗星但实际上不是的天体。

18 世纪 70 年代，梅西耶开始出版《星云星团表》，他在星表中列出他通过望远镜发现的天体。最早的梅西耶星表共有 45 个天体，后来，梅西耶和其他天文学家在此基础上增加了更多内容。现代版的《梅西耶星表》包含 110 个天体，其中许多是夜空中最美丽、最有趣的天体。

谁制作了《星云和星团新总表》？

德裔英籍天文学家卡罗琳·赫歇耳和她的侄子约翰·赫歇耳共同制作了《星云和星

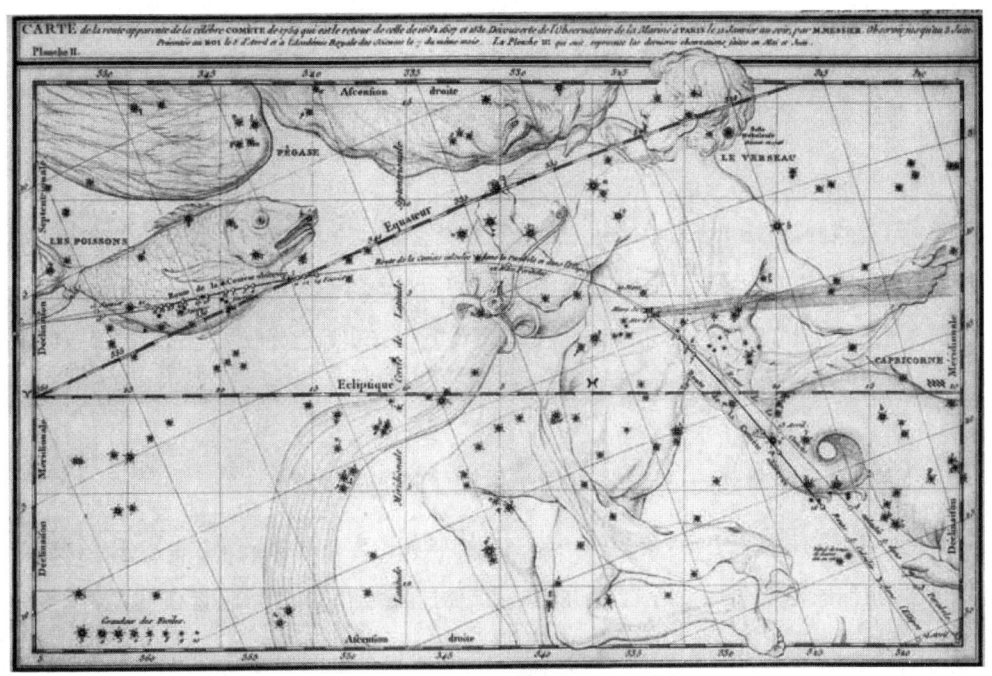

上图由夏尔·梅西耶绘制，出自《梅西耶星表》。图中主要描绘了哈雷彗星的飞行路线。

团新总表》。《星云和星团新总表》列出的成千上万个天体中，包括了夜空中绝大多数著名的星云、星团和星系。

19 世纪的科学发展

19 世纪有哪些重大科学进步极大地推动了天文学的发展？

到了 19 世纪，人类对电和磁的科学理解又有了新的进展。科学家发现，利用发电机可以产生可控量的电能，电可以进行长距离传输。这些现象让人们意识到，电磁力是一种力，电磁能量的传播以电磁波的形式进行。

科学家们在理解能量的概念和表现等方面取得了重大的进步，他们研究能量如何运动、能量如何呈现出热和光等不同的形式。热力学（主要研究热量及其传递）和与之密切相关的物理学分支统计力学应运而生。这些科学发现和技术应用改变了人类社会的面貌：蒸汽机和电灯的使用以及工业革命的发生只是其中的两个例子，科学进步对天文学的发展所产生的影响同样不可小觑。

詹姆斯·克拉克·麦克斯韦对科学做出了哪些贡献？

苏格兰科学家和数学家詹姆斯·克拉克·麦克斯韦在许多领域内取得了重大发现。1861 年，他制作出第一张彩色照片。他研究过土星环，并得出结论：土星环是由数百万个细小微粒构成的，而不是固体或液体结构。他还对气体动理论有所研究。他阐明了电与磁之间的关系。1864—1873 年，麦克斯韦证明了光实际上是一种电磁辐射。一组被称为麦克斯韦方程的四个公式展示了电、磁与光之间的基本数学关系和物理关系。

海因里希·鲁道夫·赫兹对科学做出了哪些贡献？

德国物理学家海因里希·鲁道夫·赫兹在科学和语言方面都是天才（他在年轻的时候学过阿拉伯语和梵语）。除了在电动力学领域做过大量研究以外，他还在气象学和接触力学（接触力学主要研究当物体发生碰撞时产生的物理现象）领域进行了深入研究。

赫兹在 1888 年证明了电磁波的存在。尽管当时人们已经知道可见光的本质是电磁波，但赫兹制造出无线电波这种用无法用肉眼观测到的电磁波。进行实验时，赫兹将一根电线连接在感应线圈上，产生的火花说明检测到了电磁波的存在。赫兹还在麦克斯韦的研究成果的基础上更进一步，于 1892 年将麦克斯韦提出的电动力学方程改写成了如今最常用的优雅、对称的形式。赫兹的研究成果是今天所有无线通信的基础。此外，电磁波频率的单位赫兹就是以他的名字命名的。

詹姆斯·普雷斯科特·焦耳对科学做出了哪些贡献？

英国物理学家詹姆斯·普雷斯科特·焦耳是一位富有的酿酒商的儿子。尽管焦耳的许多科学发现长年未被广泛接受，但是在他职业生涯的最后阶段，他对理解不同能量（例如电能、动能和热能）之间的关系做出了重大贡献。今天人们普遍认为，焦耳和德国物理学家、科学家尤利乌斯·罗伯特·冯·迈尔都发现了热能与动能之间的数学转换关系。为了纪念他，能量的物理学单位以焦耳的名字来命名。

开尔文勋爵对科学做出了哪些贡献？

英国科学家威廉·汤姆森，即开尔文勋爵，是一位杰出的科学家。他的父亲是一位工程学教授。在其职业生涯中，开尔文先后针对不同物理学领域的众多课题发表了600多篇科学论文。作为一名应用科学家，开尔文先后发明了许多科学仪器，例如镜式检流计，它被用于铺设第一条横跨大西洋的海底电报电缆（该电缆从爱尔兰一直延伸到纽芬兰）。他在应用科学领域取得的成功为他带来了名誉和财富，也为他带来了贵族的头衔。

在理论科学方面，开尔文是连接电与磁、热与光、热能与势能等方面的先锋。他与詹姆斯·焦耳合作过，得出热力学第一定律，并最终得出结论：的确存在"绝对零度"（这一温度是宇宙中可能存在的最低温度）。今天，为了纪念开尔文，人们将建立在绝对零度基础上的温标单位命名为开尔文。

物 质 和 能 量

物质是什么？

物质是宇宙中一切物体的构成原料，是宇宙中任何具有一定质量的东西。质量是一种难以描述的性质。粗略地说，质量是物体在时空内所经历的"阻力"。在两个物体具有相同的动量或动能的前提下，质量较大的物体在时空内运动得较慢。

能量是什么？

能量是宇宙中发生各种现象的根源。宇宙中的各种粒子会交换能量，通过某种方式改变它们的运动、性质或其他方面的状态。能量无处不在，它所呈现出来的形式是如此多样化，甚至让我们意识不到能量的存在。热是能量，光也是能量，一切运动的物体都带有动能；甚至物质本身也能转变成能量，反之亦然。

物质和能量是一回事吗？

物质可以转化为能量，能量也可以转化为物质，但它们并不是一回事。想想美元和加拿大元之间的区别：它们都是货币，并且可以按照汇率相互转换，但它们并不是一种东西。阿尔伯特·爱因斯坦于1905年发现了著名的公式 $E=mc^2$，由此给出了物质和能量之间的"汇率"。

公式 $E = mc^2$ 是什么意思？

1905 年，阿尔伯特·爱因斯坦发现了公式 $E = mc^2$。这是狭义相对论的主要成果之一，该理论描述物体和电磁辐射在空间上移动和在时间上移动的关系。这个公式意味着物质能够转化成的能量等于该物质的质量乘以光速的平方。顺便说一句，即使是极少量的物质也蕴含着巨大的能量；一枚硬币中所含的能量远远超过 1945 年在广岛和长崎引爆的原子弹的能量之和。

光是什么？

光是一种能量，它以波的形式传播，并由称为光子的粒子携带。通常来说，光是一种电磁辐射（不过，像 α 射线和 β 射线这些质量较大的粒子所携带的辐射不是光）。关于光，有一点很有趣：它既可以被当作粒子流，也可以被当作辐射波。光的这一特性也被称为波粒二象性。波粒二象性是量子力学的基石（量子力学是物理学的一个分支学科）。

光子是什么？

光子是特殊的亚原子粒子，它包含并携带能量，但是它没有质量。每当电磁力从一个地方转移到另一个地方时，就会产生或消灭光子。

电磁波是什么？

电磁波是一种电磁辐射，也就是光。不过，人们通常认为光仅仅指用肉眼可以察觉到的辐射。

电磁波和电磁辐射有什么区别？

电磁波和电磁辐射这两个术语指的是同一事物，只不过在不同语境下使用。光子所携带的能量既可以被视为从光源向外辐射的波（电磁波），也可以被视为从光源向外运动的粒子（电磁辐射）。

一共有多少种电磁辐射？

电磁辐射大致被分为 7 种，它们分别是：γ 射线、X 射线、紫外线、可见光、红外线、微波和无线电波。其中，γ 射线、X 射线和紫外线的波长小于可见光的波长，而红外线、微波和无线电波的波长大于可见光的波长。

γ 射线是什么？

γ 射线是一种电磁波，其波长小于 10^{-11} 米。γ 射线的能量很高，穿透力也很强，因此它会对人类造成严重的辐射伤害。γ 射线通常产生于宇宙中最强大的天文现象，如恒星爆炸和超大质量的黑洞。

X 射线是什么？

X 射线是一种电磁波，其波长在 10^{-11} 米和 10^{-8} 米之间。这种辐射可以穿透人体组织，因此在医院里可用它拍摄人体内部内脏和骨骼的照片。

紫外线是什么？

紫外线是一种电磁波，其波长在 10^{-8} 和 3.5×10^{-7} 米之间。这种辐射会导致人类皮肤被晒黑和晒伤。

可见光是什么？

可见光是一种电磁波，其波长在 3.5×10^{-7} 和 7×10^{-7} 米之间。这是人类眼睛能够检测到的电磁辐射类型。按照波长不同，它大致可以分为 7 种颜色：紫色、靛青色、蓝色、绿色、黄色、橙色和红色。

红外线是什么？

红外线是一种电磁波，其波长在 7×10^{-7} 和 10^{-4} 米之间。人类无法看到这种辐射，但可以感知到它的热量。我们人类产生的辐射主要是红外线，这就是某些"夜视镜"的工作原理：即使在没有足够的可见光供人类看清物体的情况下，它们也能探测到来自物体和人体的红外线。

微波是什么？

微波是一种电磁波，其波长在 0.000 1 和 0.01 米之间。这种辐射可用于加热水，例如在微波炉中，或用于无线通信，例如在移动电话中。宇宙本身也会发射微波：宇宙形成初期残余的热量（约 2.7 开尔文）离开深空，并产生宇宙微波背景。

无线电波是什么？

无线电波是波长大于 0.01 米的电磁波。在地球上，无线电波可用于通信，例如无线电或电视广播。在宇宙中，强大的电磁场、快速移动的带电物质甚至星际的氢气云大量产生无线电波。

电磁波的速度是多少？

电磁波的速度与光速相同，因为光与电磁波在本质上是相同的。

光速是多少？

光在真空中的传播速度为 299 728.4 千米 / 秒，即 10.78 亿千米 / 小时，即 9.2 万亿千米 / 年！一束光可以在不到 0.1 秒的时间内从纽约传到东京，在不到 1.3 秒的时间内从地球传到月球。

科学家是如何测量光速的？

16 世纪末，伽利略记录了一个实验，在实验中，他将两盏灯放置在两个距离遥远的山顶上，他试图以此测量光的速度。可是，他得出的结论只有光速要比他能够测量的速度还要快得多。

1675 年，丹麦天文学家奥劳斯·罗默利用木星卫星的日食现象来测量光速，得出光速为 226 917.504 千米 / 秒，这一数值大约相当于现在公认的光速值的 76%，已经非常接近了。更重要的是，他证明了光速并不是无穷大。勒默尔的发现对于物理学和天文学各领域的发展有着重要的意义。

18 世纪中叶，英国天文学家詹姆斯·布拉得雷注意到，由于地球在远离或靠近朝地球而来的星光，一些恒星看起来好像在移动。利用这一名为星光像差的现象，布拉得雷测量出光速 297 728.64 千米 / 秒，误差不到 1%。

19 世纪，法国科学家让-伯纳德·莱昂·傅科利用一个由两面镜子组成的实验室装置来测量光速。其中一面镜子在旋转，另一面镜子静止不动。旋转的镜子可以不断将光线反射回静止的镜子，这就意味着它以不同的角度反射光线。傅科利用几何学，计算出光速略快于 299 337.984 千米 / 秒。

1926 年，美国物理学家阿尔伯特·亚伯拉罕·迈克耳孙在更大的规模上重复了傅科的实验。他在加利福尼亚州两座相隔 22 英里（约 35.4 千米）的山上放置镜子，计算出光速为 299 774 千米 / 秒。

光速有什么特别之处？

光速是宇宙中任何物体在任何给定部分穿行时所能达到的最大速度。在真空中，没有任何物质或能量的粒子能比光速更快。

光速会变吗？

会，当光穿过不同的物质时，它会改变其运行的方向和速度。任何能够传播光线的物质都有一个称为折射率的属性。绝对真空状态的折射率为 1，空气的折射率为 1.000 3，水的折射率为 1.33，各种玻璃的折射率约为 1.5，钻石的折射率为 2.42。光在折射率较高的物质中传播时，它的速度较慢。

"光速是恒定的"，这是什么意思？

说光速是恒定的，意味着任何观测者在观测任何特定的光束时，都会测量出该光束以相同的速度移动，无论这一观测者是靠近光束，还是远离光束，或是相对于光束静止。也就是说，观测者的速度与光速无关。光速不具有通常意义上的相对性，这是阿尔伯特·爱因斯坦在 1905 年提出的狭义相对论的核心。

谁第一个获得了光速恒定的证据？

波兰裔美国物理学家阿尔伯特·亚伯拉罕·迈克耳孙和美国化学家爱德华·威廉姆斯·莫雷通过实验测定了光在宇宙中传播的方式。在 19 世纪末，科学家们认为，光波在一种被称为以太的特殊物质中传播，就好比水波在水中传播一样。迈克耳孙-莫雷实验旨在测定以太的某些属性。然而，实验的结果与迈克耳孙和莫雷的预期完全不同。相反，实验的结果表明，以太这种物质根本不存在，且光的传播速度是恒定的。

迈克耳孙-莫雷实验是如何进行的?

迈克耳孙-莫雷实验基于一种名为干涉测量的特殊实验技术。一束光被发送到固定在某个角度的镀银镜上;部分光线会穿过镜子,而其余部分则会从镜子上反射回来。每束光线都会从其他镜子上反射回来,在镀银镜上重新汇聚,并回到光源的位置。如果部分光线在传播过程中发生改变,那么重新汇聚后的光束将显示出可以测量的干涉图样。

由于两条光束传播方向不同,迈克耳孙和莫雷假设它们将以不同的方式与以太相互作用,从而产生干涉图样。但令他们惊讶的是,重新汇聚后的光束并未显示出可测量的干涉图样。这一结果意味着,尽管两条光束在一段时间内沿着不同方向传播,但它们的速度却完全相同。如果宇宙中存在任何形式的以太,那么这一结果是不可能出现的。

 ### 谁研究了迈克耳孙-莫雷实验的结果?

在迈克耳孙-莫雷实验的结果被证实以后,当时许多杰出的物理学家仔细思考了这一实验结果的深远意义。爱尔兰数学物理学家乔治·弗朗西斯·菲茨杰拉德、荷兰物理学家亨德里克·安东·洛伦茨和法国数学家兼物理学家朱尔·亨利·普安卡雷这3位科学家特别关注如何解释这一实验的结果。他们证明物体的长度与物体的运动速度之间存在特定的数学关系,这一关系如今被称为"洛伦茨因子"。到20世纪初,普安卡雷甚至开始思考,物体所经历的时间会根据其运动速度的快慢而发生改变。然而,直到1905年,才有人提出条理清晰的相关理论。

 ### 谁最终用有效的理论解释了迈克耳孙-莫雷实验的结果?

德裔物理学家阿尔伯特·爱因斯坦解释了迈克耳孙-莫雷实验的结果。有时,人们把1905年誉为爱因斯坦的奇迹之年。在这一年里,爱因斯坦先后对外公布了一系列科学发现,这些科学发现改变了人类对整个宇宙的科学认识。爱因斯坦解释了布朗运动和光电效应,还解释了迈克耳孙-莫雷实验的结果。

为了解释迈克耳孙-莫雷实验的结果,爱因斯坦提出了狭义相对论,用 $E=mc^2$ 这一方程表明物质和能量的关系。

空间和时间

空间是什么？

大多数人认为空间仅仅是空无一物的状态——宇宙中天体就被"空荡荡的空间"包围着。实际上，宇宙中的万物嵌入空间，并通过空间这一介质移动。想象一下一块水果布丁，其中悬浮着水果块。水果块代表宇宙中的物体，而布丁则代表空间。空间并非"虚无"；相反，它笼罩着一切，承载着一切，包含着一切。

空间有三个维度，通常认为是长度（前后）、宽度（左右）和高度（上下）。然而，空间有可能是弯曲的，因此一个维度可能并不是一条直线。

时间是什么？

时间实际上也是一个维度，即宇宙中的物体可以占据也可以在其中移动的方向。正如宇宙中的物体可以上下、前后或左右移动一样，物体也可以在时间中穿行。然而，与三个空间维度不同的是，我们宇宙中的不同类型的物体在时间上只朝特定的方向移动。从数学上讲，说物质（包括星系、恒星、行星和人类）只随时间向前移动是正确的。同时，由反物质构成的粒子只随时间向后移动；而没有质量的能量粒子，如光子，则不在时间这一维度上移动。

时间和空间是如何联系在一起的？

空间的三维和时间的一维联系在一起，形成了一个被称为时空的四维介质。在 20 世纪初，亚历山大·弗里德曼、霍华德·珀西·罗伯逊和阿瑟·杰弗里·沃克等科学家从现代数学角度阐述这四个维度是如何联系在一起的，即宇宙的度规。

时空是什么？

想象一大块柔软、有弹性的材料，比如橡胶或氨纶。这块材料就像一个二维的平面，取决于上面放了什么，可以不同程度地凹陷、弯曲。时空可以被想象成像这块材料一样柔软、有弹性的结构，只不过它是四维的。根据弗里德曼-罗伯逊-沃克度规，其长度和距离在数学上相关。

谁第一个解释了空间与时间之间的关系？

著名的德裔美国科学家阿尔伯特·爱因斯坦第一个意识到，为了解释迈克耳孙-莫雷实验的结果，空间上的运动和时间上的运动一定是紧密相连的。他于 1905 年发表的狭义相对论表明，物体可以像以不同速度穿越空间一样，以不同速度穿越时间。爱因斯坦认为，空间和时间之间一定存在非常紧密的联系，而这种联系对于描述宇宙的形状和结构至关重要。然而，他当时并不具备证明这种联系如何发挥作用的专业数学知识。爱因斯坦咨询了他的朋友和同事，以找出继续这项研究的最佳方式。在数学家格奥尔格·黎

阿尔伯特·爱因斯坦

曼和赫尔曼·明科夫斯基的发现的启发下，以及数学家马塞尔·格罗斯曼的指导下，爱因斯坦学习了非欧几里得椭圆几何学和张量的数学公式。1914 年，爱因斯坦和格罗斯曼发表了广义相对论和引力场理论的雏形；在接下来的几年里，爱因斯坦继续完善上述理论。

爱因斯坦的广义相对论是什么？

广义相对论的主要观点是，空间和时间紧密结合在一起，形成一个名为时空的四维结构，而时空可以被质量弯曲——大质量物体会使时空向物体的方向"凹陷"（想象一下保龄球放在蹦床上，导致蹦床凹陷）。

在宇宙的四维时空中，如果一个质量较小的物体接近一个质量较大的物体（例如一颗行星接近一颗恒星），那么质量较小的物体会沿着弯曲的空间轨道运行，因此被质量较大的物体吸引。再想象一下蹦床上的保龄球：如果一颗弹珠经过保龄球的附近，落入蹦床凹陷的部分，那么弹珠就会向保龄球滚去。根据广义相对论，这就是引力的作用方式。爱因斯坦认为，牛顿的万有引力定律在描述引力的作用上几乎是完全正确的，但在解释引力为什么会产生作用方面则不够完整。

我们怎么知道广义相对论是正确的?

在被实验或观察证实以前,任何科学观点都不能被称为已证实的科学理论。根据广义相对论对引力的表述,我们可以预测,在大质量物体周围,光和物质都会沿着被弯曲的空间路径运动。如果广义相对论是正确的,那么来自遥远恒星的光线就会因为太阳引力造成的空间凹陷而沿着弯曲的路径传播。因此,在天空中靠近太阳的位置,恒星的表观位置应该稍有不同。

为了验证这一预测,英国天体物理学家亚瑟·爱丁顿于1919年组织了一次大型科学考察,以观测日全食期间的天空。在月球遮住太阳明亮的光线后,天文学家测量了当时靠近太阳位置的遥远恒星的相对位置。然后,他们将这些位置与夜间太阳不在视野范围内时测量的位置进行了比较。恒星的表观位置确实不同,而且这些差异与爱因斯坦理论预测的结果一致。这一观测结果证实了广义相对论,永远地改变了物理学领域。这一发现成为新闻头条,阿尔伯特·爱因斯坦也因此成为国际名人。

时空与物质和能量有什么关系?

广义相对论是解释时空如何运作的科学理论,而量子力学则是解释物质和能量如何运作的科学理论。相对论与力学之间存在许多关键联系,例如,物质与能量之间存在转换关系,即 $E=mc^2$。又如,由于物质产生引力,因此正如美国物理学家约翰·阿奇博尔德·惠勒所说:"时空告诉物质如何运动,物质告诉时空如何弯曲。"

广义相对论和量子力学这两个当今最主要的物理学理论在描述宇宙的层面上并没有太多交集。事实上,使用一种理论来描述某些物理现象有时与用另一种理论描述这些现象相矛盾。将这两个伟大的理论统一起来是当今科学研究的前沿课题之一。

爱因斯坦的狭义相对论是什么?

根据狭义相对论,光速是不变的,无论光源如何移动——这就意味着,如果有一束光,无论谁观察这束光,或者观察者如何移动,光速都不会变。所以,光速是宇宙中任何物体可以达到的最快速度。

此外,如果光速是恒定的,那么运动的其他属性必须改变。速度被定义为通过的距离除以经过的时间,这意味着任何物体所经历的距离和时间都会根据其运动速度的不同而改变。物体在空间内运动得越快，在时间内就运动得越慢。当你移动时，你经历的时间会比静止不动的人更慢。

最后，由于质量可以被视为物体对运动的"阻力"，因此任何有质量的物体都不能以光速移动。只有以电磁波形式存在的能量（比如光）才能以这种速度传播。而物质不是能量，但可以转化为能量，这可以表示为著名的公式 $E=mc^2$。

一个人有可能比另一个人在时间中穿行得更慢吗？

这是可能的。当一个人比另一个人移动得更快时（例如，这个人在公共汽车上或者在飞机上，而另一个人处于静止状态），时间要流逝得慢一点。然而，在这种情况下的差异往往小到无法察觉。即使一个人随喷气式飞机飞行了 12 小时，同地面上的人相比，总时间差异也不足十亿分之一秒。假设一个人以 539 130 240 千米 / 小时（光速的一半）这种难以置信的速度移动，那么他每经历 10 小时，地面上静止不动的人只经历 1 小时 20 分钟。但是，这一速度实在是太快了，它远远超过了目前交通技术的能力。

双生子佯谬是什么？

如果物体在空间中的移动速度不同，经历的时间流逝就不同，那么可以想象这样一种情况：一对双胞胎最终会变成两个年龄不同的人。如果其中一人在出生时就被放在一个快速移动的交通工具上，而另一人则相对静止，那么他们的年龄增长速度就会不同。这被称为双生子佯谬。

量 子 力 学

光是粒子还是波？

光既可以表现为粒子（光子），又可以表现为波。这一现象被称为波粒二象性，是量子力学的基本理论。波粒二象性描述极小尺度上粒子的运动。

光的波粒二象性概念是如何形成的？

艾萨克·牛顿拥护所谓的微粒说，即光是由粒子携带的。克里斯蒂安·惠更斯支持波动说。这场争论在1个多世纪内悬而未决，直到詹姆斯·克拉克·麦克斯韦建立了电磁理论，提出电磁力以波的形式传播。该理论似乎证实了光是由波携带的。然而，不久之后，热力学的研究表明，波动说并不能完全解释光的现象。最终，马克斯·普朗克和阿尔伯特·爱因斯坦分别在1900年和1905年证明光能确实可以被解释为粒子携带的能量。此后数十年间，光的微粒说与波动说再起争端。最终，人们提出了一种平衡两个观点的理论——量子力学，它解释光既是波又是粒子。

量子力学是什么？

量子力学是一种描述微观尺度上物质和能量的运动和表现的理论。那些描述恒星、行星和人类在宇宙中的运动规律的物理定律，在处理原子、分子和亚原子粒子时变得不再适用。量子力学的基本概念包括：

波粒二象性：光既是一种波，又是一种没有质量的粒子。有质量的粒子也可以被视为"物质波"。所以，虽然光子没有质量，但是它们的确具有动量并可以产生力。这和牛顿的运动定律提出的观点是截然不同的。根据牛顿运动定律，物体必须首先具有质量才能有动量和力。

离散位置和运动：在极小的尺度上，物质不可能存在于每一个可能的位置上。相反，在任何粒子（例如原子核）的附近，其他粒子只能处于由每个粒子的特性所决定的某些位置和特定距离上。为了理解这一原理，我们可以想象有一个人在上楼梯或下楼梯，这个人只可能站在台阶的高度上，而不可能站在两个台阶之间的半空中。这一理论与牛顿运动定律的观点也不一样。根据牛顿运动定律，只要存在足够的动量或力，两个物体可以处于任何距离。

不确定性和波动：在极小的尺度上，我们不可能在任何给定的位置或时间以完全准确的方式测量任何粒子的运动或能量。事实上，位置和时间间隔的测量越精确，运动或能量的数值就越不精确。这意味着，在极短的时间内（远远少于一万亿分之一秒！），可能会出现或消失大量能量，但我们却永远不会注意到，因为时间间隔太短，我们无法观察到这些变化。科学家推测，在宇宙诞生之初——宇宙大爆炸时，可能发生了一次剧烈的能量波动。

马克斯·普朗克对我们理解物质和量子力学做出了哪些贡献？

德国物理学家马克斯·普朗克对现代物理学的发展，特别是量子力学的发展做出了杰出的贡献。在他研究热辐射（即热物体发出的电磁波）时，普朗克推导出了正常光谱中的能量分布定律。普朗克采用了一种数学方法，根据这种方法，光不是由连续的波构成的，而是由被称为量子的"片段"构成的。他的理论很快被证明是光的基本属性。今天，为了纪念这位伟大的科学家，德国的主要研究机构被称为马克斯·普朗克协会，德国自然科学国家实验室被称为马克斯·普朗克研究所。

马克斯·普朗克

欧内斯特·卢瑟福对我们理解物质和量子力学做出了哪些贡献？

新西兰物理学家欧内斯特·卢瑟福对人类理解物质，特别其微观结构和放射性，做出了巨大贡献。卢瑟福用"α射线""β射线"和"γ射线"的术语来描述不同类型的放射性辐射。在他最著名的实验中，他试图向薄薄的金原子片发射放射性粒子来推断原子的结构。他预计这些粒子会在原子的作用下发生轻微的偏转。结果，让他感到意外的是，几乎没有任何粒子发生偏转，一些粒子仿佛遇到了坚硬的墙壁一样直接反弹回来。卢瑟福对此的解释是：原子中有大量空旷的空间，这些空间被微小的负电荷占据，还有一个体积很小、密度很大的原子核，其中包含正电荷。卢瑟福的实验结果强有力地证明物质实际上是由原子构成的。

欧内斯特·卢瑟福

阿尔伯特·爱因斯坦对我们理解物质和量子力学做出了哪些贡献？

1905年，阿尔伯特·爱因斯坦不但提出了狭义相对论，还发表了另外两个理论。这两个理论成为理解宇宙中物质基本性质的一部分。在其中的一个理论中，他解释了布朗运动。布朗运动是指在悬浮在液体表面上的微观的脂肪球看起来在进行无规则的运动。爱因斯坦认为，布朗运动是由一些在悬浮物周围运动的原子和分子所引起的，正是它们的撞击使脂肪球进行随机运动。爱因斯坦在他的另一个理论中解释了光电效应。所谓的光电效应是指某些颜色的光遇到金属片时会产生电流，而另外一些颜色的光则不会。爱因斯坦解释，这主要是由于光既是一种波，又是一种粒子。布朗运动进一步证实了原子的存在；光电效应表明，要解释光的本质和表现，必须发展新的物理观念，比如量子力学。

量子力学理论是什么时候最终确立的？

大多数科学家都认为，直到大约1937年，量子力学才最终被认为是描述微观尺度上物质和能量表现的正确方式。包括英国科学家保罗·狄拉克、德国科学家沃尔夫冈·泡利、法国科学家路易·德布罗意、奥地利科学家埃尔温·薛定谔以及德国科学家维尔纳·海森伯在内的物理学家们，都致力于建立该理论的数学框架并解释量子现象的细节。总的来说，量子力学的发现不能归功于某一个人。就像许多科学成就一样，许多杰出的人经过了长时间的努力，才最终将其拼凑成完整的理论。

近年来量子力学有哪些进展？

和所有重要的科学理论一样，量子力学在初步形成和最终确认以后，又取得了重大的进步。到今天，科学家们已经描述了宇宙中亚原子粒子（例如费密子、玻色子、夸克和轻子等）的标准模型以及它们复杂的行为和相互作用（量子电动力学和量子色动力学等）。今天人们还在研究物质和能量的基本性质，将来一定会出现许多激动人心的新发现和新进步。

现 代 物 理 学

希格斯玻色子是什么？

希格斯玻色子是一种亚原子粒子，以首位提出其存在的科学家——彼得·希格斯的名字命名。在目前的粒子物理学"标准模型"中，物质因为希格斯玻色子而具有质量。

科学家是如何寻找希格斯玻色子的?

与许多其他类型的亚原子粒子相比,希格斯玻色子非常难以探测,部分原因是它们可能仅存在极短的时间。为了证实这些难以捉摸的粒子的存在,科学家使用巨大的粒子加速器来制造微小但极高能的亚原子粒子碰撞。然后,他们使用特殊的探测设备,测量成千上万次这种碰撞的结果,并检查庞大的数据集,以查看是否存在任何微妙迹象表明希格斯玻色子曾在其中短暂存在。

科学家是否已经证实了希格斯玻色子的存在?

2012年7月4日,欧洲核子研究组织的科学家宣布发现了一种可能是希格斯玻色子的粒子。利用巨大的地下粒子加速器——大型强子对撞机(全长27千米),两个国际物理学家团队发现了一种新亚原子粒子的确凿证据,这种粒子的特性与希格斯玻色子的理论预测性质相匹配。这两个团队使用了不同的设备和不同的方法得出了相同的结果,从而增加了结果正确的可能性。然而,在我们可以肯定地说已经发现了希格斯玻色子之前,还需要做更多的工作。

这是一位艺术家对瑞士的大型强子对撞机中粒子碰撞的想象。通过高速撞击原子核,科学家们在2012年发现了难以捉摸的希格斯玻色子的证据,物质因为这种粒子而具有质量。

为什么希格斯玻色子有时被称为"上帝粒子"?

1993年出版的一本名为《上帝粒子》的书,描述了希格斯玻色子背后的科学。据该书的作者利昂·M.莱德曼说,他其实想用一个"脏话"来称呼它,称之为"该死的上帝粒子",因为希格斯玻色子不仅极具诱惑力,还很难找到;然而,据说该书的出版商不允许他这样做。这个名字在通俗媒体中流传开来。大多数科学家不喜欢将希格斯玻色子称为"上帝粒子",因为这个术语似乎暗示了它的存在在某种程度上能将科学与宗教联系在一起,而事实并非如此。

第2章
宇宙

宇宙的基础知识

宇宙是什么?

宇宙是所有存在的空间、时间、物质和能量的总和。很多人把宇宙理解为空间,但是空间只是宇宙存在的框架,可以将它比作宇宙的"脚手架"。此外,空间和时间紧密结合在一个名为时空的四维结构中。

令人惊讶的是,一些假说认为,我们生活的宇宙并不是全部的宇宙。在这种情况下,宇宙除了空间、时间、物质和能量之外,还有其他东西。宇宙中一定存在其他维度,也许还存在其他宇宙。然而,这些模型都还没有得到证实。

宇宙为什么存在?

无论如何,这一问题都不是仅凭科学就能回答的。然而,天文学能给出一个解释宇宙起源的理论。

宇宙的年龄有多大?

宇宙的年龄并不是无穷大。根据现代天文学的测量结果,宇宙开始于大约 137 亿年以前。

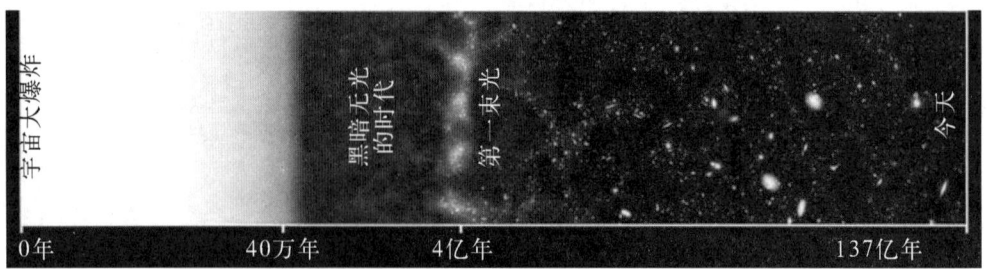

宇宙大爆炸　　　　　　　　　　黑暗无光　第一束光　　　　　　　　　　　　　今天
　　　　　　　　　　　　　　　的时代

0年　　　　　　　40万年　　　　4亿年　　　　　　　　　137亿年

科学家们预测宇宙的年龄是 137 亿年。

宇宙是无穷大的吗？

至今科学还无法确定宇宙的大小。也许宇宙真的是无穷大的，但是我们目前无法从科学上证实这一可能性。

宇宙有多大？

在地球上，在银河系中，无论使用什么技术，人类能够观测到的宇宙范围都是有限的。想象你站在一艘位于海洋中心的船上。无论你朝哪个方向看，你只能看到一定距离内的水；但地球的表面范围远远超出了地平线。我们能够观测的最远距离被称为宇宙视界，可以理解为宇宙的"地平线"。宇宙视界内的所有东西都被称为可观测宇宙。在许多情况下，为了简洁起见，天文学家将可观测宇宙简称为宇宙。

宇宙大得让人无法想象，在任何方向上都延伸 137 亿光年，而且包含几十亿个星系。

可观测宇宙的大小是由宇宙的年龄和膨胀率共同决定的。只要知道到这两个参数，我们可以在任何时间点计算出当前宇宙视界的距离。然而，由于宇宙视界总是在不断远离我们，天文学家通常更喜欢使用光在我们膨胀的宇宙中从一个点到另一个点必须穿越的距离来描述宇宙的大小，这个距离是根据宇宙的年龄和光速来计算的。因此，由于宇宙的年龄是 137 亿年，我们通常说宇宙视界在每个方向上都是 137 亿光年远。

🌀 在宇宙视界之外宇宙延伸了多远？

目前仍然没有科学的方法来测量宇宙视界之外宇宙的大小。没有理由认为宇宙有边界，同样也没有理由认为它没有边界。还有一种可能是宇宙在大小上是有限的，但仍然没有边界。以我们星球的表面为例：地球表面积是有限的，但在地球上，你无法乘船到达地球的"尽头"并从边缘掉下去。在宇宙这个巨大的三维空间中，情况可能也是如此。

🌀 宇宙是什么形状的？

宇宙可能的形状大致分为三类：开放型、平坦型和封闭型。这些形容词指的是空间整体的曲率类型。根据广义相对论，拥有巨大质量的物体会使空间弯曲；宇宙本身就是一个质量巨大的物体，因此整个宇宙也是弯曲的。只不过在小尺度上，这种效应小到我们根本察觉不了。

🌀 封闭型宇宙、平坦型宇宙与开放型宇宙有什么区别？

封闭型宇宙：封闭型宇宙向内弯曲，所以它的总体积是有限的。想象一下球体的表面：没有边缘，但是整体形状是有界的。随着封闭型宇宙不断地膨胀，具有一定体积的空间的边缘会向内收缩，因此膨胀最终会停止，然后反向收缩，这一过程被称为大坍缩。

平坦型宇宙：平坦型宇宙的净曲率为零。想象一下立方体的某个表面。所有由于具有质量的物体而产生的小曲率的平均值为零；其长度、宽度和高度都呈直线延伸到宇宙的尽头。随着平坦型宇宙不断地膨胀，具有一定体积的空间的边缘会保持直线，因此，宇宙会无休无止地膨胀下去。

开放型宇宙：开放型宇宙向外弯曲，所以它的总体积是无限的。想象一下马鞍：曲率从形状的中心向外弯曲；如果平面向外延伸，弯曲也将无限伸展。随着开放型宇宙不断地膨胀，任何具有一定体积的空间的边缘都会向外扩展，因此，膨胀不会结束。

宇宙的起源

宇宙是如何形成的?

描述宇宙起源的科学理论被称为大爆炸理论。根据大爆炸理论，宇宙开始于时空的一个点上，并从诞生以来一直不断地膨胀。随着宇宙的膨胀，宇宙中的状况也在不断改变（从小到大，从热到冷，从年轻到年老），从而形成了我们今天观察到的宇宙。

哪位科学家第一个提出了大爆炸理论?

1917 年，荷兰天文学家威廉·德西特尔展示了如何利用阿尔伯特·爱因斯坦的广义相对论来描述一个膨胀的宇宙。

1922 年，俄国数学家亚历山大·弗里德曼推导出膨胀的宇宙的数学描述。20 世纪 20 年代末，比利时天文学家乔治-亨利·勒梅特独立地发现了弗里德曼提出的数学公式。勒梅特推断，如果宇宙自从存在以来就一直在膨胀，那么在遥远的过去，必然存在一个时刻，整个宇宙只占据了一个点。那个时刻，那个点，就是宇宙的起源。

勒梅特、德西特尔和弗里德曼的研究成果最终通过观测得到了证实。

谁提出了热大爆炸的概念?

俄裔美国科学家乔治·伽莫夫进一步完善了大爆炸模型，他的理论考虑到了宇宙中的能量分布。他认为，如果真的发生了一次这样的大爆炸，那么在大爆炸发生以后宇宙的温度会高得令人难以置信，具体说来，可以达到几万亿亿摄氏度。随着宇宙的膨胀，宇宙中的热量会分配在更大的体积上，温度会下降。在大爆炸发生 1 秒以后，宇宙的平均温度就会下降到大约 10 亿摄氏度；在大爆炸发生 50 亿年以后，宇宙的平均温度仅为几千摄氏度；以此类推。不过，伽莫夫指出，几十亿年过去以后，这种背景热量仍然存在。在大约 150 亿年以后，它表现为背景辐射场，温度只比绝对零度高几度。伽莫夫预言，人类可以探测到宇宙背景中的微波辐射。1967 年，宇宙微波背景真的被发现了。

大爆炸是理论还是事实?

大爆炸是一个理论。从科学的角度来看，它比某些科学事实更具有影响力。事实是单一的信息片段，而理论将许多事实综合成一个概念模型，接下来这个模型经过预测、观察和实验等一系列过程得到证实。

大爆炸理论拥有可靠的科学证据，其基本理论已经得到了科学的验证，被证明是正确的。然而，同科学领域中的其他主要理论一样，这一理论也存在许多尚未证实的细节和尚未回答的问题。这些未知的领域将继续引导试图理解宇宙的科学家去寻找答案，得到新的发现。

根据大爆炸理论，宇宙诞生之初发生了什么？

大爆炸理论并没有针对为什么会发生大爆炸做出解释。一个已经得到普遍认同的假说是，宇宙始于一个"量子泡沫"——一个无形的虚空，其中的物质泡沫远小于原子，在极短的时间尺度上（比一秒的一万亿分之一的一万亿分之一的一万亿分一还短得多）不断出现和消失。在今天的宇宙里，这种量子涨落仍然存在，但是它们发生得太快，不会影响到宇宙中的事物。但是，就在137亿年以前，某个特定的量子涨落出现后并未消失，并突然向外膨胀，形成了巨大的爆炸。今天的宇宙可能就是这一事件的结果。

另外一个更近提出的假说认为，宇宙是一个四维时空，它存在于两个五维结构的交点上，这种五维结构被称为膜。大家可以想象一下，两个肥皂泡相互接触并贴在一起，肥皂泡相交处就是两个三维结构相互作用的二维结果。如果膜假说是正确的，那么大爆炸标志着两个膜相互接触的时刻。

到目前为止，上述两个模型都没有被实验或观测所证实。

大爆炸之前有什么？

我们无法提问大爆炸"之前"有什么，因为直到大爆炸发生，才出现了时间。正如不存在"北极以北"，因为地球最北端就是北极，时间出现"之前"这个概念也是不存在的。

然而，如果其实有不止一个宇宙（根据膜理论或弦理论可能得出这一结论），那么在大爆炸之前，可能存在其他具有不同维度的空间和时间的宇宙。

宇宙的模式可以追溯到大爆炸发生后的哪个瞬间？

大爆炸始于一个奇点，目前人类已经掌握的物理规律还无法描述当时当地发生的事情。这意味着宇宙的模式只能追溯到大爆炸发生以后的某个时间，即物理定律开始适用的时间。科学家们把描述宇宙的两大理论——广义相对论和量子力学所推测的最小空间和时间尺度结合起来，推论出宇宙模式最早可以追溯到大爆炸后的大约 10^{-43} 秒。那是十亿亿亿亿亿分之一秒！这被称为普朗克时间，以德国物理学家、量子理论的先驱马克斯·普朗克的名字命名。

大爆炸后经过了 1 个普朗克时间，宇宙的体积有多大？

在 1 个普朗克时间时，宇宙的体积大约相当于光在这一时间间隔内能够传播的距离。这意味着宇宙的直径是 10^{-35} 米。这一长度被称为普朗克长度。

大爆炸后经过了 1 个普朗克时间，宇宙的质量和密度是多少？

利用与推导普朗克时间和普朗克长度的方法大致相同的原理，我们可以计算出宇宙在 1 个普朗克时间时的质量和密度。结果证明，宇宙在大爆炸发生以后 10^{-43} 秒时的质量大约比普朗克质量（2.18×10^{-8} 千克）小一千分之一毫克。按照地球上的标准，这听起来并不多。不过请记住，这个质量被包含在一个直径比原子核直径的一千亿亿分之一还小的体积内。所以，原始宇宙的密度是水的密度的 10^{94} 倍，这简直令人难以置信。我们宇宙中已知的任何东西，包括密度最大的黑洞在内，密度都远不及此。虽然如此集中的能量如果出现在当前的宇宙中一定会导致不可思议的现象，但是在婴儿期的宇宙中，所有事物肯定都会反映出这些现象。

物质是如何形成的？

在 1 个普朗克时间以后，宇宙急剧膨胀，所有的能量都向外涌出以填补扩大的空间，因此，宇宙开始冷却。在大爆炸之后大约一百万分之一秒的时候，宇宙的温度仍然远高于一万亿摄氏度，但是，此时的能量密度已经下降到足以让亚原子粒子短暂存在，在物质和能量之间来回转换。人们把宇宙的这种状态不太正式地称为夸克-胶子汤。当然，这种状态可能并不是宇宙中物质的最初形态，不过，它仍然是到目前为止科学家们能够模拟的最热、最早的宇宙状态——他们利用巨大的超级对撞机，模拟出微观的极高能量密度的爆发。

自大爆炸以来，宇宙的膨胀率一直不变吗？

根据当前的大爆炸理论模型以及天文学家最近获得的观测数据，宇宙的膨胀率并非一成不变。在普朗克时间之后不久，宇宙经历了一个暴胀期，其直径突然增加了至少一万亿亿倍；这被称为暴胀模型。暴胀期结束后过了很久，膨胀率恢复到几乎恒定的速度，接着稍微放缓了一些，然后数十亿年前又开始加速。现在，宇宙的膨胀率正在缓慢地加快：我们生活在一个加速膨胀的宇宙中。

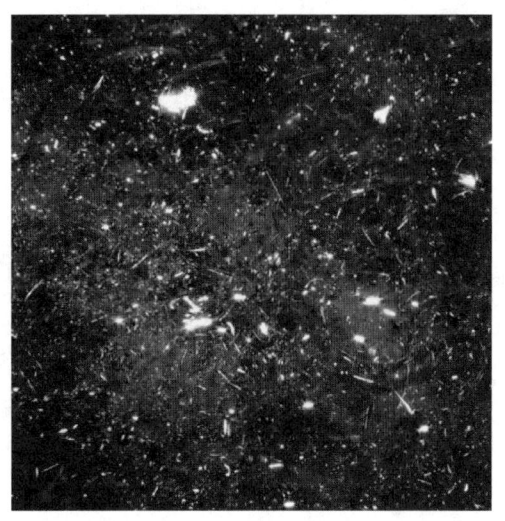

一位艺术家画的宇宙在大爆炸后急剧膨胀的情景。

 ### 为什么暴胀模型对于现代的大爆炸理论如此重要？

20世纪70年代初科学家提出暴胀模型，用以解释关于宇宙的两个重要观测结果。首先，就天文学家能够观测到的范围而言，宇宙中的物质和能量在各个方向上似乎在统计上是相同的。换句话说，今天并不共享宇宙视界的部分（即不应相同的部分）却不知为什么在很久很久以前共享宇宙视界。这一现象被称为视界问题。其次，宇宙的几何形状明显接近"平坦"，然而科学家无法解释宇宙为什么会呈现出这一特殊的几何形状。这一现象被称为平坦性问题。

根据目前的模型，早期宇宙的暴胀期解释了视界问题和平坦性问题。由于暴胀的速度非常快，一些本来共享宇宙视界的空间区域相互远离。所以，在今天的宇宙中，这些空间虽然不再彼此接近以形成平衡，但是它们在统计上是相同的。除此以外，暴胀使得所有的空间都出现了"平坦"的几何结构。

虽然这一模型似乎解释了关于宇宙的某些观测结果，但是它并没有解释这些现象产生的原因，也没有确切说明在那段时期内宇宙膨胀了多少倍。

大爆炸理论的证据

基于宇宙中物体的运动，有哪些证据可以证明大爆炸理论？

宇宙正在不断膨胀是一个可靠的观测证据，证明宇宙的起源正如大爆炸理论所描述的那样。如果空间在不停地膨胀，这意味着今天的宇宙要比昨天的宇宙大。同样地，昨天的宇宙比上个月的宇宙大，上个月的宇宙比去年的宇宙大。通过时间回溯，我们可以沿着这一趋势一直推算到整个宇宙只是一个点的时候。根据宇宙的膨胀速度，我们计算出那个点出现在大约137亿年前。

基于宇宙中的物质，有哪些证据可以证明大爆炸理论？

早期宇宙的元素分布是75%的氢、25%的氦和微量的其他较重的元素。这一分布与热大爆炸理论的预测相吻合。这种元素分布可能是在宇宙冷却和膨胀的过程中形成的，因为只有在很短的时间（大约3分钟！）内，宇宙的条件能够支持亚原子粒子创造出原子核。

基于宇宙中的能量，有哪些证据可以证明大爆炸理论？

或许最能证实大爆炸理论的证据是宇宙微波背景：这是炽热的早期宇宙所遗留下来的能量，它仍然充满整个空间，并向宇宙的各个方向行进。科学家们曾预测，这种背景辐射表明空间的温度高于绝对零度几开尔文。探测到背景辐射后，科学家证明，空间的温度接近3开尔文——这是科学方法的一次惊人胜利。

谁发现了宇宙微波背景？

20世纪60年代，天文学家阿尔诺·彭齐亚斯和罗伯特·威尔逊在位于美国新泽西州霍姆德尔的贝尔实验室进行研究。他们的望远镜有一个非常灵敏的号角形天线，该天线最初是为了接收用于无线通信的微弱微波信号而开发的。在测试这个天线时，彭齐亚斯和威尔逊检测到了来自太空所有方向且普遍存在的微波静电。在检查了4年的数据，并确保设备没有受到干扰或发生故障后，他们将这些"静电"解释为一种真实的信号，来自外层空间的各个方向。在与普林斯顿的天体物理学同事们交谈后，他们意识到自己确实检测到了宇宙微波背景。他们于 1965 年发表了研究结果，这一成果立即被公认为证实大爆炸理论的科学证据。

哪项关于宇宙微波背景的后续研究坚实地证实了大爆炸理论?

1992 年，美国国家航空航天局发射了宇宙背景探测器卫星，其目的是研究宇宙微波背景的性质。宇宙背景探测器上的 40 台仪器证实，彭齐亚斯和威尔逊在 1967 年探测到的辐射几乎完美地描绘了宇宙的温度分布，宇宙微波背景的温度几乎精确地达到了 2.73 开尔文。此外，经过仔细的分析，科学家发现，背景辐射中存在微小的温度差异，这些差异仅仅是 1 开尔文的几万分之一，是近 137 亿年前宇宙早期物质和能量密度细微波动的化石记录。这些波动使宇宙自那时起就不断变化，从曾经能量几乎均匀分布的时空构成的核心演变为今天的宇宙——一个由密集和稀疏区域交织而成的广阔画卷，上面点缀着星系、恒星、行星等。

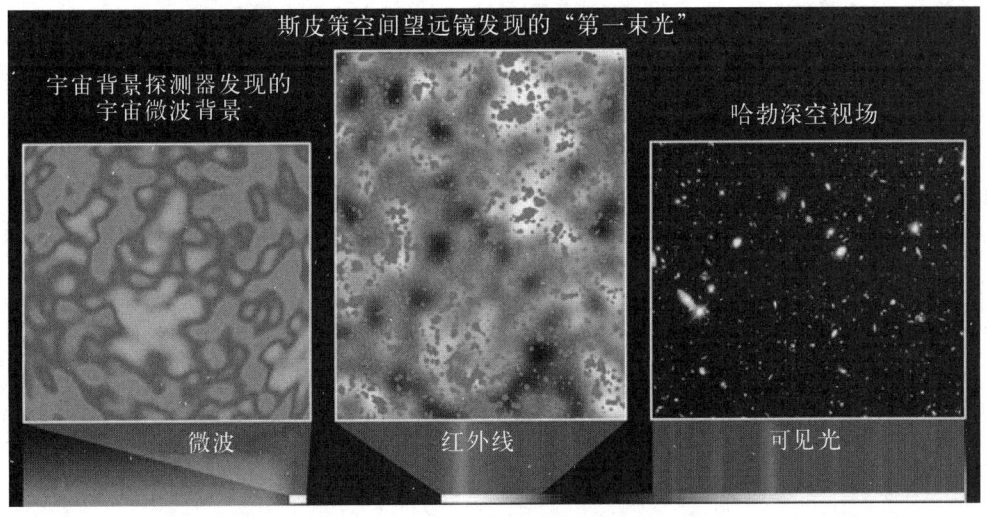

上面的 3 幅图是天文台提供的，显示了恒星和星系在可见光和红外线的光谱上的样子，以及微波背景的样子。天文学家表示，微波背景为大爆炸理论提供了证据。

宇宙的膨胀

 ## 谁第一个证明了宇宙正在膨胀？

这位科学家不仅证明了宇宙正在膨胀，还证明了银河系外存在其他星系——他就是埃德温·哈勃。哈勃开拓性地测量出地球到仙女星系的距离，此后他继续研究星系。他研究了星系运动与星系到地球的距离的关系。他发现，一个星系距离我们越远，它远离我们的速度就越快，这是宇宙正在膨胀的明显证据。

 ## 哈勃常数是什么？

为了纪念埃德温·哈勃，人们把宇宙的膨胀率称为哈勃常数。目前，哈勃常数的最新测量值约为 73（千米／秒）／百万秒差距。这意味着，如果宇宙中的一个点距离另一个点 100 万秒差距，那么在没有任何其他力的情况下，这两个点将以 73 千米／秒的速度相互远离。

 ## 哈勃是如何利用多普勒效应来测量宇宙的？

哈勃通过在一台望远镜上安装一台名为分光计的机器来测量星系的多普勒效应，即物体朝向或远离观测者移动时发生的颜色变化。他将来自遥远星系的光分解成若干个组成部分，并测量光的波长向较长波长范围移动了多少。这种波长的移动（称为红移）与星系远离我们的速度成正比，哈勃从而计算出星系的距离和宇宙的膨胀率。这一发现为现代宇宙学的发展奠定了基础。

 ## 声波是如何体现多普勒效应的？

多普勒效应是以 19 世纪物理学家克里斯琴·约翰·多普勒的名字命名的。如果声源向听者移动，那么声波的波长会减小，频率会增大，从而使声音音调变高。相反，如果声源远离听者，那么声波的波长会增大，频率会减小，从而使声音音调变低。下次汽车或火车在你身边经过时，听一听它接近你时和远离你时发出的声音。

光波是如何体现多普勒效应的？

当一个发出的可见光（或任何种类的电磁辐射）的物体向某人移动时，其发出的光的波长会减小。相反，当物体远离时，其发出的光的波长会增大。

对于可见光来说，光谱中靠近蓝色的部分波长较短，而靠近红色的部分波长较长。因此，如果光源正在靠近观察者，那么光的多普勒效应就被称为蓝移，而如果它正在远离，就被称为红移。物体的移动速度越快，蓝移或红移就越明显。

谁第一个发现了来自天文光源的多普勒效应？

1912 年，维斯托·梅尔文·斯里弗成为第一位观察到来自遥远天体的多普勒效应的天文学家。斯里弗使用望远镜拍摄并研究了由大片模糊气体和尘埃构成的星云。当时人们认为星云位于银河系内部。令所有人颇感意外的是，斯里弗发现其中许多团块是由恒星组成的，这表明它们可能是像银河系一样的星系，位于非常遥远的地方。

1903 年，斯里弗在美国亚利桑那州弗拉格斯塔夫的洛厄尔天文台任职。他是被天文学家珀西瓦尔·洛厄尔带到弗拉格斯塔夫的，去研究星云。洛厄尔认为，星云中一些类似云的结构，特别是那些具有螺旋图案的结构，可能是我们银河系内其他恒星系统的起源。斯里弗的工作是研究星云的光谱，为进一步仔细分析做准备。

在研究仙女星云的光谱时，斯里弗发现它与任何已知气体的光谱都不匹配。相反，它更像是星光产生的光谱。更令人惊讶的是，那些"星光"的颜色似乎发生了蓝移。斯里弗得出结论，仙女星云实际上正以约 80 万千米 / 小时的惊人速度向地球方向移动。在接下来的几年里，斯里弗分析了其他 12 个旋涡星云的光谱。他发现其中一些正在靠近地球，而另一些正在远离地球。此外，这些星云正以惊人速度移动，可高达 1 100 千米 / 秒。

他得出结论，这些天体根本不是星云，而是由数百万到数十亿颗恒星组成的天体系统。它们距离地球太遥远了，所以一定是星系。斯里弗的开创性工作后来被埃德温·哈勃证实。哈勃以造父变星为标准烛光，证明了仙女座中的巨大星云实际上是仙女星系。

埃德温·哈勃测出的宇宙的膨胀率是多少？

埃德温·哈勃最初测出的宇宙的膨胀率约为 550（千米 / 秒）/ 百万秒差距。

哈勃最初测量出的膨胀率与现代的哈勃常数相比如何？

它们相差甚远——哈勃最初测出的膨胀率大约是现代值的 7 倍。尽管如此，埃德温·哈勃的测量方法是有科学实践意义的。他的总体结论，即物体距离与其远离观察者的速度成正比，今天被称为哈勃定律。因此，天文学家们至今仍认为哈勃是发现宇宙膨胀的功臣。

除了宇宙膨胀，宇宙中有哪些力可以使天体移动？

除了随着宇宙膨胀而彼此远离外，宇宙中唯一能使行星、恒星和星系等大质量天体发生明显运动的力是引力。

宇宙在向哪里扩张？

整个宇宙都在膨胀，这意味着整个宇宙空间都在扩张，并且空间中的每一个点都在远离其他点，除非附近有质量产生引力。所以，我们的三维空间不可能扩张到另一个三维空间中去。

想象一个气球。这个气球本来只是一块有弹性的二维的橡胶皮，随着气球的膨胀，橡胶皮也在向外扩张。但它并不是在扩张到另一个二维表面上，而是在扩张到一个三维空间中。通过这个例子我们可以看出，膨胀会在原有维度的基础上再加一维。这一原理用到宇宙上，就是构成宇宙的四维时空。

黑　　洞

宇宙中哪种物体的引力最大？

宇宙中质量最大的物体的引力最大。然而，特定物体附近的引力场的强度也取决于该物体的体积。物体越小，场强越大。黑洞由极大的质量和极小的体积复合而成，是目前所知引力最大的物体。

黑洞是什么？

黑洞的一个定义是逃逸速度等于或超过光速的物体。这一观点最初是在 18 世纪提出的，当时的科学家根据牛顿的万有引力定律假设存在一些体积小、质量大到光子都无法逃逸的恒星，因此，这些恒星呈现出黑色。

相对论与黑洞有什么关系？

黑洞的概念很有趣，但在 18 世纪提出这一概念后，在整整 1 个多世纪中都没有人对此进行过科学论证。1919 年广义相对论得到证实后，科学家们开始探索引力对空间曲率的影响。物理学家意识到，宇宙中可能存在空间曲率极大的区域，连空间都被"撕裂"。任何落入该区域的东西都无法离开。根据广义相对论，空间中存在无法逃脱的点，甚至连光都无法离开，就像黑暗的洞穴，对此物理学家创造了"黑洞"这个词。

黑洞真的存在吗？

是的，黑洞确实存在。天文学家对黑洞的性质做出假设后的许多年里，人们一直不确定黑洞是否真的存在。从 20 世纪 70 年代开始，观测结果开始明确地表明，宇宙中确实存在黑洞。如今，已知的黑洞有数千个，而黑洞的总数可能多达数十亿个。

天文学家又看不到黑洞，他们是如何发现黑洞的呢？

发现黑洞的关键在于它们巨大的引力。发现黑洞的一种方法是观察到物体以比预期高得多的速度移动。通过仔细绘制物体的运动轨迹，然后应用开普勒第三定律，即使不看到物体本身，也有可能算出物体的质量。

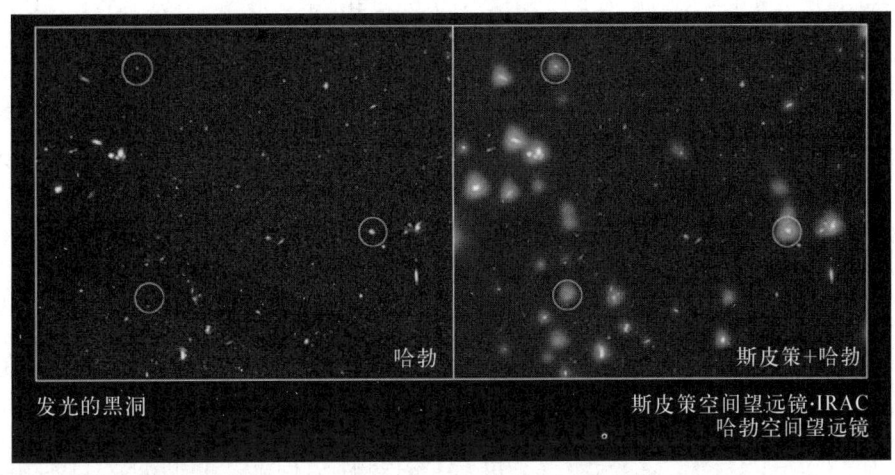

哈勃

斯皮策+哈勃

发光的黑洞

斯皮策空间望远镜·IRAC
哈勃空间望远镜

天文学家可以通过寻找 X 射线辐射源来探测黑洞。右面的图像利用斯皮策空间望远镜和哈勃空间望远镜的数据，显示了表明黑洞存在的 X 射线源。左面的图像显示的是同一太空区域在正常可见光下的情况。

虽然黑洞本身是黑暗的，但是黑洞强大的引力场能在其附近产生大量的光。落入黑洞的物质会遇到许多聚集在黑洞周围的其他物质。就像陨星或航天器进入地球大气层时会发热一样，落入黑洞的物质也会因摩擦力而变热，有时温度会达到数百万摄氏度。炽热的物质会发出明亮的光芒，并释放出大量 X 射线和无线电波（这么小的体积本不应该释放这么多的 X 射线和无线电波）。通过寻找这些辐射，天文学家可以推断出黑洞的存在，虽然他们看不到黑洞本身。

有哪些类型的黑洞？

已知存在三类黑洞，第四类黑洞存在于假设中但尚未被发现。在已知的三类黑洞中，第一类被称为恒星级黑洞，它们出现在质量巨大的恒星（通常是太阳质量的 20 倍或更多）的核心坍缩后。第二类被称为中等质量黑洞，质量约为太阳的 100 ～ 10 万倍。第三类被称为超大质量黑洞，它们位于星系中心，质量是太阳的数百万倍甚至数十亿倍。

还有一类假设的黑洞被称为原初黑洞，它们随机分布在宇宙中的各个位置。这些黑洞是在宇宙膨胀初期由时空结构中的微小"缺陷"形成的。然而，尚未证据表明这类黑洞确实存在。

黑洞的结构是什么样的？

黑洞的中心，即时空结构中的"裂缝"，被称为奇点。奇点是一个没有体积但密度无限的点。令人惊奇的是，虽然物理定律适用于宇宙的各种现象，但并不适用于黑洞的奇点。一个被称为视界的边界围绕着奇点。一旦物体到达视界，就无法返回，此处的黑洞逃逸速度需要达到光速。黑洞的质量越大，视界距离奇点就越远，黑洞的体积也就越大。

有没有东西能逃离黑洞？

根据英国物理学家斯蒂芬·霍金的理论，能量可以缓慢地从黑洞中泄漏出来。这种现象被称为黑洞辐射。之所以会有这种情况，是因为黑洞的视界不是一个完全光滑的表面，而是由于量子力学效应在亚原子层面上"发光"。在量子力学尺度上，可以认为空间充满了所谓的虚粒子，这些虚粒子本身无法被探测到，但可以通过它们对其他物体的影响来观察到。虚粒子由两半组成，如果在视界内产生一个虚粒子，那么有极小的可能，其中一半落入更深的黑洞中，而另一半则通过发光的视界隧穿出来，泄漏回宇宙中。

黑洞辐射对黑洞有什么影响？

黑洞辐射是一个非常非常缓慢的过程。例如，一个质量与太阳相当的黑洞，需要经历数万亿年，黑洞辐射才会对其质量或体积产生显著影响——这远远超过了宇宙目前的年龄。然而，假以时日，通过黑洞视界泄漏的能量就会变得相当可观。由于物质和能量可以直接相互转化，黑洞的质量将相应变小。根据理论计算，一个质量相当于珠穆朗玛峰（顺便说一句，其视界范围小于原子核）的黑洞，要通过黑洞辐射失去所有能量，从而将物质释放回宇宙中，需要大约 100 亿～ 200 亿年的时间。在最后的瞬间，当最后一点物质消失时，黑洞将在剧烈的爆炸中消亡，这可

物理学家斯蒂芬·霍金参观了位于瑞士日内瓦的欧洲核子研究组织这一粒子物理实验室。霍金首先提出理论，黑洞会发射辐射，这些辐射持续数十亿年后最终会导致黑洞消亡。

能会释放出大量高能 γ 射线。也许有一天，天文学家会观察到这样的现象，从而证实黑洞辐射这一科学理论的正确性。

除了用引力吸引其他物质外，黑洞还能做其他事情吗？

美国物理学家约翰·阿奇博尔德·惠勒有一句名言："黑洞无毛。"这意味着黑洞本质上只有非常基本的属性，它们不像恒星或星系那样具有复杂的结构。科学家认为，黑洞只具有质量、旋转和电荷这三种属性，能做到的事情有限。

黑洞旋转时会发生什么？

当黑洞旋转时，视界的形状和结构会发生变化。如果黑洞不旋转，那么视界就是以其奇点为中心的完美球体。随着黑洞的旋转，视界会变扁，像一块厚厚的饼干，并且可能形成一个叫作能层的结构。在能层中，光束不会逃离黑洞，而是围绕奇点旋转。

如果旋转的黑洞带有电荷会发生什么?

当荷电粒子绕圈旋转时，会产生电磁场。由于黑洞在极小体积内包含极大质量，其旋转速度可以非常快，电荷的密度也可以非常大。具备了这两个条件，就会在宇宙中形成最强的磁场。

在这种情况下，当物质落向黑洞时，它不仅会变得温度超高，还会变得磁性超强。虽然大部分落入的物质会消失在黑洞中，再也无法被观测到，但其中一些物质会被引导到磁场中，并随着喷流猛烈向外喷发。取决于黑洞的质量和电荷强度，这些喷流可以以光速的 99% 或更快的速度将物质喷射到太空中，延伸数千甚至数百万光年。这些从黑洞系统发出的喷流是宇宙中最壮观的结构之一。

 ### 黑洞有多大?

任何黑洞中心的奇点都没有体积。黑洞的视界（即物质无法返回的边界）的大小取决于黑洞的质量。黑洞的质量与其视界大小之间的数学关系是由德国天体物理学家卡尔·史瓦西推导出来的。为了纪念他，黑洞视界的半径被命名为史瓦西半径。

一般来说，恒星级黑洞的史瓦西半径约为数百千米，而超大质量黑洞的史瓦西半径从数百万到数十亿千米不等。（作为参考，太阳和冥王星之间的平均距离约为 59 亿千米。）如果太阳被压缩成一个黑洞，那么其史瓦西半径约为 5 千米；而如果地球被压缩成一个黑洞，其史瓦西半径只有约 2 厘米。

银河中的黑洞位于哪里?

下表列出了银河系中一些已知的黑洞。

表1　银河系中的黑洞

名　　称	质量与太阳质量的比值	距离（光年）
A0620-00	9 ~ 13	3 000 ~ 4 000
GRO J1655-40	6 ~ 6.5	5 000 ~ 10 000
XTE J118+480	6.4 ~ 7.2	6 000 ~ 6 500
天鹅座 X-1	7 ~ 13	6 000 ~ 8 000

名　　称	质量与太阳质量的比值	距离（光年）
GRO J0422+32	3～5	8 000～9 000
GS 2000-25	7～8	8 500～9 000
天鹅座 V404	10～14	10 000
GX 339-4	5～6	15 000
GRS 1124-683	6.5～8.2	17 000
XTE J1550-564	10～11	17 000
XTE J1819-254	10～18	<25 000
4U 1543-475	8～10	24 000

此外，银河系中心有一个黑洞人马座 A，其质量是太阳的 300 多万倍。

黑洞的密度有多大?

根据卡尔·史瓦西提出的黑洞视界半径公式，黑洞的密度在很大程度上取决于其质量。例如，一个质量相当于地球的黑洞，其密度是铅的 2×10^{26} 倍以上；一个质量比太阳大 10 亿倍的黑洞，其平均密度远小于水的密度。

如果一个人掉进黑洞会发生什么?

这取决于黑洞的大小。如果一个人掉进了一个高密度的小型黑洞，那么极大的引力会对他的身体造成严重的物理破坏。身体前部的加速度远大于后部，连原子和分子都彼此分离。这个不幸的人将变成一股亚原子粒子流进入黑洞。

然而，如果有人掉进了一个低密度的超大质量黑洞，那么就不会面对如此大的引力。在那种情况下，靠近黑洞视界时相对论效应就会变得明显。随着人越来越接近视界，他的速度会越来越接近光速，而速度越快，时间就越慢。最终，这个人的时间流逝会变得无比缓慢，让他被"冻结"在时间中，永远无法到达视界。事实上，视界会向外扩展，与这个人相遇。在这一过程中，人的身体会根据公式 $E=mc^2$，从物质转变为能量，并永远消失在黑洞中。

在将来的某一天，会不会有一个巨型黑洞吞噬掉整个宇宙？

不会，巨型黑洞不会吞噬我们的宇宙。记住，黑洞是深邃的引力结构，而不是宇宙中的"吸尘器"，它们并不会"吞噬"物体。想象一下，繁忙城市中的人行道上有一个窨井：如果行人掉进去，他可能再也出不来了，但只要避开这个洞口及其周围，那么就没有危险。对于黑洞，道理是一样的。无论黑洞有多大，其引力的影响范围都有一个极限，而位于这个极限之外的物质根本不会受到黑洞的影响。

虫　　洞

虫洞是什么？

根据目前的假设，虫洞是时空中的一个"蛀孔"，它有两个端点。与只有一个时空奇点的黑洞不同，虫洞可能有两个点，一个点只能让物质进入，而另一个点只能让物质出来。

虫洞真的存在吗？

到目前为止，人类还未探测到虫洞。科幻作家喜欢利用虫洞作为违反已知物理定律的方式（例如，让物体无缘无故地消失或凭空出现），这一招很好用。但如果虫洞真的存在，那么它将摧毁任何接近其开口的地球物体尺寸的物体。

我们可以利用虫洞来进行超光速旅行吗？

从数学上讲，我们有可能利用爱因斯坦广义相对论中的公式来创建一个跨越巨大距离的虫洞。然后，如果已知的物理定律在虫洞内不适用，那么从一端穿到另一端的时间在数学上可能会短于光穿越相同距离所需的时间。然而，广义相对论的公式同样表明，除了微观粒子之外，没有任何东西能够穿过虫洞而不被其内部的极端条件所摧毁。

宇　宙　弦

宇宙弦是什么?

根据目前的假设，宇宙弦是一种巨大的振荡的物质组成的线或闭合环；它非常类似黑洞，但它长而细，而黑洞是点状或球状的。宇宙弦可能是由宇宙早期引力的变化产生的，可以被想成宇宙演化初期阶段平稳过渡中留下的"褶皱"。它们也可以被描述为宇宙结构中的"皱纹"，在时空中移动和摆动。宇宙弦可能长达数光年，但远比人类头发更细，并且可能质量高达数万亿颗恒星的总和。宇宙弦还可能携带极强的电流。

宇宙弦真的存在吗?

到目前为止，人类还未探测到宇宙弦。每隔一段时间，就会有一些观测证据表明可能发现了宇宙弦，但这些观测从未得到证实。也许早期的宇宙包含许多宇宙弦，但时至今日，它们几乎都已消失殆尽。

我们可以利用虫洞来穿越时空吗?

美国天体物理学家 J. 理查德·戈特出版了一本书，描述了一种利用宇宙弦制成的特殊时间机器。简而言之，如果宇宙中有两根线性的宇宙弦在移动时彼此靠近，那么这两根弦之间的时空将严重受到它们引力的影响，从而导致时间以一种奇特的形态循环。如果一个物体能够以某种方式恰好沿着时间的循环前进，那么它可能会沿着一条匪夷所思的螺旋路径穿越时空，最终出现在它起始位置的时空之前。这种"戈特时间机器"的理论可能性仍在研究中，同时，我们尚未探测到任何宇宙弦，更不用说两根了。

暗物质和暗能量

暗物质是什么?

20 世纪 30 年代，天文学家弗里茨·茨维基注意到，在后发星系团中，许多星系移动得极快，所以茨维基推断出它们一定受到朝向星系团中心的巨大引力作用，否则它们会被甩出星系团。要产生如此强大的引力，星系团中所需的物质总量远远超过了该星系团中所有星系物质总量的观测值。这些多出来的物质后来被称为暗物质。

1970 年，天文学家维拉·C.鲁宾和物理学家 W.肯特·福特证明，仙女星系中的恒星正在高速移动，要使这些恒星保持在星系中，整个星系周围一定有大量物质，像巨大的茧一样包裹着星系。由于这种物质不会发出可见光，因此望远镜无法观测到它，而只能通过它产生的引力来探测它。这同样是暗物质存在的证据。

经过几十年的进一步研究，暗物质现在已被证实是星系周围、星系团中以及整个宇宙中物质的重要组成部分。根据最新的计算，宇宙中约 80% 的物质是暗物质。

这幅画是艺术家对斯皮策空间望远镜观测到的 OGLE-2005-SMC-001 的描绘。OGLE-2005-SMC-001 是一个暗淡的天体，科学家只能通过分析它周围的光源来探测到它。这类天体是宇宙中暗物质存在的证据。

暗能量是什么？

20 世纪初，阿尔伯特·爱因斯坦、威廉·德西特、亚历山大·弗里德曼、乔治-亨利·勒梅特等人致力于研究宇宙的本质。爱因斯坦为了保持宇宙膨胀与万有引力之间的平衡，在其方程中引入了一个数学概念。这个概念后来被称为宇宙常数，它似乎代表了一种源自宇宙本身的看不见的能量。

在埃德温·哈勃和其他天文学家证实宇宙确实在膨胀之后，宇宙常数似乎不再必要，因此在接下来的几十年里，科学家不再严肃地研究它。然而，从 20 世纪 90 年代开始，一系列发现表明，由宇宙常数所代表的"暗能量"确实存在。目前的测算结果表明，宇宙中，这种暗能量的密度远大于物质的密度——包括发光物质和暗物质的总和。

尽管天文学家已经测算出这种暗能量的存在，但我们仍然不知道它产生的原因，也不知道它由什么构成。宇宙常数以及暗能量的本质，是当今天文学中尚未解决的重大问题之一。

暗物质是由什么构成的？

没有人知道暗物质究竟是什么。科学界对此存在一些有根据的猜测，比如有人认为它们是一类弱相互作用重粒子或弱作用巨兽粒子；有人认为它们是一类带电的未分化的大质量粒子；有人认为它们是非常轻的中性亚原子粒子，即中性子。然而，到目前为止，科学家们从未探测到暗物质粒子，所以这些可能性仍然只是有根据的猜测。

暗物质是如何影响宇宙的形状的？

在不断膨胀的宇宙中，暗物质产生引力。宇宙中暗物质越多，宇宙就越有可能具有封闭型的几何形状，并最终迎来大坍缩。

暗能量是如何影响宇宙的形状的？

暗能量会使空间膨胀得更厉害，它实际上抵消了一部分引力。天文学家认为，宇宙中暗能量的总量与空间量成正比，如果这一观点属实，那么宇宙的持续膨胀就意味着暗能量的总量不断增加。由于宇宙中物质的总量并没有增加，暗能量的扩张效应最终将克服暗物质的收缩效应。总而言之，暗能量越多，宇宙的几何形状就越可能是开放型，宇宙的膨胀速度就会随时间的推移变得越来越快。

天文学家怎么描述宇宙中物质的密度？

天文学家使用大写希腊字母 Ω 来表示宇宙中物质的密度。有时，会添加一个下标 M（Ω_M）来明确这是物质的密度。在其他情况下，会使用 DM 和 B 这两个下标来区分暗物质的密度（Ω_{DM}）和非暗物质的密度（Ω_B）。

如果暗能量不存在，那么宇宙中物质的密度决定了宇宙的几何形状和最终命运。在这种情况下，存在三种可能性。如果 Ω 大于 1，那么宇宙是封闭型的，并最终经历大坍缩而消亡。如果 Ω 等于 1，那么宇宙是平坦型的，并将永远膨胀。如果 Ω 小于 1，那么宇宙是开放型的，也将永远膨胀。

天文学家怎么描述宇宙中暗能量的密度？

天文学家使用大写希腊字母 λ 来表示宇宙中暗能量的密度。由于暗能量也会影响宇宙的几何形状，因此暗能量的密度有时由一个带有下标 λ 的 Ω（Ω_λ）来表示。

如果暗能量确实存在，那么宇宙中物质密度和能量密度的综合效应决定了宇宙的几何形状。如果 Ω + λ 小于 1，则宇宙是开放的；如果它大于 1，则宇宙是封闭的；如果它等于 1，则宇宙是平坦的。

 天文学家是否已经确定了宇宙的物质和能量密度？

基于对遥远宇宙中暗物质和发光物质的引力效应的测量，天文学家已经测得 Ω（即 Ω_{DM} + Ω_B）约为 0.3。同时，基于对遥远的造父变星和 Ia 型超新星的详细观测，天文学家推断出宇宙的膨胀速度正在加快。这意味着 λ 大于零。最后，基于对宇宙微波背景的仔细研究，天文学家已经证实宇宙的形状是平坦的，这意味着 Ω + λ = 1。将这些测量的精确度保留到小数点后两位，目前的测量结果显示 Ω 约为 0.27，λ 约为 0.73。如果这些数字准确无误，那么我们的宇宙注定会永远膨胀，不会出现大坍缩。

宇宙的前沿理论

 什么导致了宇宙的暴胀？

没有人知道为什么在宇宙形成的早期会发生暴胀。有一种可能是随着宇宙的冷却，宇宙中的基本力开始相互分离，其中的某一次分离释放出大量能量，引发了宇宙的暴胀。

 宇宙的所有力曾经是统一的吗？

根据目前的理论，宇宙中有 4 种基本力：引力、电磁力、强相互作用力和弱相互作用力。每种力的表现形式都不同，并与物质以不同的方式相互作用。然而，在大爆炸后的几分之一秒内，物质和能量的存在形式与今天不同，因此这些力也可能不同。如果曾经存在一种力，以相同的方式作用于所有物质，那么这种力被拆分成几个力，可能使早期宇宙拥有极高的能量，从而推动了宇宙的暴胀。

自发对称破缺是什么？

自发对称破缺是一种物理现象，即原本平衡的事物永远地失去了平衡。放在山顶的球是一个例子：它原本是完全平衡的，但如果球突然滚到山底，那么系统就失去了平衡，而球不会自己滚上山，所以系统将永远处于不平衡的状态。说到对称，大多数人会想到折纸。从更普遍的角度来看，对称可以视为系统有序性或复杂性的度量，例如晶体。

理论宇宙学家假设宇宙的基本力以自发对称破缺的形式相互分离。大爆炸后可能存在一种具有某种"对称性"的单一的力，并且这种对称性以某种方式"破缺"，导致力的分裂，形成了今天所知的几种基本力。在分裂过程中，还会释放出巨大的能量，这可能推动了早期宇宙的暴胀和其他类型的活动。

超对称性是什么？

超对称性是一个有关宇宙运行规律的假设模型的一部分。它解释了宇宙可能是如何演化成当前状态的，并暗示宇宙在一个单一的对称框架下是统一的。超对称性模型中有一个预测，对于宇宙中的每一种基本粒子，都存在对称的"超对称粒子"，但这些粒子并不容易被观测到。到目前为止，还没有探测到任何超对称粒子。因此，宇宙的超对称性尚未得到证实。

大统一理论是什么？

一些科学家认为，有一个理论可以涵盖宇宙的所有物理定律。研究这一"大统一理论"的最著名的科学家非阿尔伯特·爱因斯坦莫属。他到最后也未能创建这样的理论，但他为其他研究这一理论的人奠定了基础。大统一理论中有很多模型都很有前景，但它们非常复杂，仍处于科学研究的初期阶段。

万有理论中，目前哪个模型最受关注？

目前有一种著名的理论，试图涵盖宇宙中万物的活动，它被称为弦理论。其基本思想是，弦是一种多维结构，我们宇宙中的粒子只是弦的四维部分。在这个模型中，当宇宙中的粒子相互作用时，它们实际上是在多个维度上相互作用。即使结果看起来产生了全新的粒子，其实也只是同一弦结构的不同"振动模式"。

根据弦理论，宇宙有多少个维度？

目前，根据接受度最广的弦理论，宇宙有 11 个维度。这个十一维的"超对称体"可以产生十维的弦，这些弦相互作用并产生一个四维的结果，即我们的宇宙时空。

宇宙中怎么可能存在 11 个维度？

"紧化"这一概念可以解释宇宙中为何能存在如此多的维度。想象一条巨大的天然气管道横跨辽阔的平原：当人们站在它旁边时，显然它具有长度、深度和高度这三个维度。但当我们走开几步后，它看起来就只剩下长度和高度了。再走远一些，它可能看起来只剩下一个维度：长度。从某种意义上说，管道的三个维度中有两个已经被紧化了。它们仍然存在，但太小了，小到无法被观察到。同样的原理也可能适用于可观测时空之外的维度。

这个想法已经存在了几十年。然而，确认其他维度的存在可能并不现实，因为要看到现有宇宙的紧化程度，科学家必须观察到比普朗克长度更小的尺度。

膜是什么？

膜是一种多维结构，可能存在于类似上述超对称体的某种物质中。膜可以在超对称体中移动（就像一只巨大的水母在广阔的海洋中漂浮、旋转）并相互作用（即"碰撞"），碰撞可能导致巨大的能量释放或交换。关于膜的宇宙学模型通常被称为膜理论。膜还分为不同类型。

根据膜理论，宇宙位于何处？

根据假设，我们可以想象两个五维的膜在一个或多个维度上相互接触。它们的多维交点可能是一个点、一条线、一个平面，甚至是一个四维时空。那么，自然就会形成一个观点：我们的宇宙这一四维时空存在，是因为两个膜相互交叠，从而引发了空间的膨胀和时间的开始。因此，那个交叠的瞬间就是大爆炸，而宇宙则位于这两个膜的交点。

科学家怎么证明上述理论是正确的？

这是当今理论宇宙学中的一个巨大问题。科学家们已经提出了一些实验方案，这些实验可能会证实这些宇宙学假设中的一些预测，但由于目前技术条件的限制，尚无法成功进行这些实验。例如，膜理论中有一个观点，当一颗质量非常大的恒星发生超新星爆发时，其能量的一小部分可能会逃逸出宇宙并"泄漏"到一个膜上。但是超新星爆发非常罕见（在银河系中大约 1 个世纪才发生 1 次），而我们现代的望远镜几乎不可能以足够的精度测量超新星释放的总能量。

🌀 对最小粒子的研究怎么帮助科学家解开宇宙起源的谜团？

关于大爆炸和宇宙起源研究的一个重要领域是粒子物理学。通过在大型粒子加速器中生成最小、能量最高的亚原子粒子并进行研究，物理学家们可以短暂地一窥早期宇宙中可能存在的条件。比如，科学家让一些原子核以光速的 99% 或更高速度运动并相互碰撞，然后观察碰撞后产生的碎片。

宇 宙 的 结 局

🌀 为什么宇宙的形状很重要？

宇宙的形状影响着宇宙的最终命运。目前宇宙正在膨胀，如果宇宙的几何形状是封闭的，那么膨胀很可能会逐渐减慢，最终停止，然后转变为收缩，导致大坍缩，宇宙结束于一个极小、极热的点，就像是大爆炸的反向过程；如果宇宙的几何形状是平坦的或开放的，那么宇宙很可能会永远膨胀下去。

🌀 我们当前预测宇宙会迎来什么样的结局？

目前的观测表明，宇宙的几何形状是平坦的，因此宇宙会永远膨胀下去。宇宙中还存在着大量暗能量。事实上，宇宙中的暗能量占 73%，即 $\lambda = 0.73$。随着宇宙的持续膨胀，暗能量会越来越多。因此，宇宙的膨胀速度正在加快，我们生活在一个加速膨胀的宇宙中。

🌀 宇宙会终结吗？

如果"终结"指的是时间停止，宇宙不复存在，那么答案是宇宙不会终结。经过非常长的时间后，宇宙将达到一个什么都不会发生的阶段。所有的物质都将变得无形且混乱，所有的能量都将分布得无比稀疏，以至于不会发生任何形式的显著的相互作用，无论是亚原子层面还是其他层面。从某种意义上说，这也是宇宙的"终结"——不是一个炽热而明确的终点，而是一个无限漫长、寒冷而黑暗的虚无时期。

科学家认为宇宙中的物质和能量最终会变成什么样？

宇宙的加速膨胀正在将宇宙中的所有物质越拉越远。最终，引力将无法克服膨胀来形成新的大型结构。有些计算表明，在几十亿年后，我们将无法再观测到遥远的星系。然后，宇宙中的所有恒星都会消耗掉它们的原料并燃烧殆尽，在宇宙中留下恒星的残骸。这些恒星残骸（主要是白矮星和中子星）以及宇宙中的其他重子物质，按照目前粒子物理学的观点来看，它们将经历质子衰变并瓦解。最后，只有宇宙中的黑洞仍在发射黑洞辐射，直到它们完全挥发。到那时，剩下的将只有暗物质、暗能量和大量无序的亚原子粒子。

宇宙最终会"死"于何时？

如果当前的理论是正确的，那么所有的恒星将在 10^{14} 年后燃烧殆尽，所有的质子将在 10^{32} 年后衰变结束，所有的黑洞（即使是超大质量黑洞）也将在 10^{100} 年后挥发。换句话说，宇宙预计将在大约 10^{100} 年后"死亡"，这个数字可能会有 100 倍的浮动。

第3章
星　系

星系的基础知识

✦ 星系是什么？

　　星系是由恒星、气体、尘埃和暗物质组成的巨大集合体，它们在宇宙中形成了一个内聚的引力单位。从某种程度上说，星系之于宇宙就像细胞之于人体一样：每个星系都有自己的独特性，它独立地演化，但也会与宇宙中的其他星系相互作用。有很多很多不同类型的星系。地球所在的星系被称为银河系。

✦ 宇宙中有多少个星系？

　　由于光速的限制和宇宙年龄的限制，我们只能看到宇宙视界之内的宇宙，宇宙视界在每个方向上大约是137亿光年的距离。仅在这个可观测的宇宙中，就存在大约500亿~1 000亿个星系。

✦ 有哪些类型的星系？

　　星系通常根据其外观分为三类：旋涡星系、椭圆星系和不规则星系。这些类别还可以进一步细分为棒旋星系、宏象旋涡星系、巨椭圆星系和矮椭圆星系等。

　　星系也经常被根据其他特征进行分类，例如星暴星系、并合星系、活动星系、射电星系等等。

✦ 星系是如何分类的?

20 世纪 20 年代，致力于星系研究的天文学家埃德温·哈勃提出了一种基于星系形状进行分类的方法。他提出了一个星系类型的序列：椭圆星系从 E0（球形椭圆星系）到 E7（雪茄形椭圆星系），旋涡星系分为 S（普通旋涡星系）和 SB（棒旋星系），S 和 SB 后用 a、b、c 表示旋臂的松紧程度。这个分类法被称为哈勃分类，并且经常以音叉图的形式直观地展示出来。

✦ 椭圆星系是什么?

椭圆星系是从我们的视角来看呈现椭圆形的星系。这些星系的椭圆度差异很大，因此它们的形状从完美的球体到细长的雪茄形都有。基于观测数据和理论模型，天文学家认为椭圆星系的三维形状是三轴椭球，即长度、宽度和高度各不相同的椭球。因此，椭圆星系可以像巨大的篮球、橄榄球、鸵鸟蛋、止咳糖，或者介于其间的任何形状。

✦ 旋涡星系是什么?

旋涡星系是一种看似具有旋涡状结构的星系，这种结构叫作旋臂，由明亮的恒星构成。这些旋臂并不是固定的结构，而是螺线状的密度波：旋臂中的星并不是一成不变的，

▌旋涡星系 NGC 4414。

它们有进有出，但旋臂的图案保持不变。旋涡星系的中心有一个充满恒星的核球，围绕核球的是一个旋转的恒星密集的星系盘，星系盘外是恒星稀疏的星系晕。

棒旋星系是什么？

一些旋涡星系的旋臂并不是从星系中心发出的，而是在离中心一定距离的地方发出的。这些星系的星系核实际上是细长的棒状结构，包含数十亿颗恒星。这类旋涡星系被称为棒旋星系。

透镜星系是什么？

透镜星系是透镜形状的星系，它兼具椭圆星系和旋涡星系的特征。它可以被视为外围有一个星系盘的椭圆星系，也可以被视为核球极大且几乎没有旋臂结构的旋涡星系。非常引人注目的M104就是一个透镜星系，它有一个绰号叫"草帽星系"。

不规则星系是什么？

不规则星系是一种不能被归入椭圆星系、旋涡星系或透镜星系的星系。可以在地球的南半球观测到的大麦哲伦云和小麦哲伦云是两个不规则星系的例子。不规则星系可以具有一些旋涡或椭圆星系的结构，同时也具有其他类型的组成部分，如由气体和恒星组成的纤细的轨迹。

特殊星系是什么？

特殊星系可以被归类为椭圆星系或旋涡星系，只不过它们具有某些特殊之处，包括由恒星构成的长长的尾巴、形状异常的星系盘或者多出一个星系核，甚至有可能正在与其他星系发生重叠或碰撞。许多特殊星系看上去的确很奇异，这是因为它们正处于与其他星系碰撞、作用或合并的过程中。

为什么星系会有不同的形状？

最初，当埃德温·哈勃提出星系分类法时，他也提出了如下假说：星系会随着年龄的增长而发生形变。所有的星系最初都是椭球形的，然后随着时间的推移在旋转中逐渐变平。然而，这个想法被证明是错误的。现代计算机模拟和数学计算的结果显示，所有

NGC 4650A 是一个令人惊叹的特殊星系，它是两个星系相互碰撞的产物。这种星系被称为极环星系，因为它看起来好像一个星系正在穿过由第二个星系形成的环。

星系都是由较小的物质团块聚集而成的，即子星系聚集在一起形成一个单一的引力单元。如果许多小的团块聚集在一起，通常会形成一个旋涡星系；如果在星系形成的最后阶段有一些非常大的团块聚集进来，通常会形成一个椭圆星系。这个星系形状的形成理论看起来大体上是正确的，但还需要解决许多细节问题才能形成一个连贯的理论。

✦ 星系是如何维持形状的?

星系中恒星和气体的运动决定了星系如何维持其形状。在椭圆星系中,恒星随机移动,形成了形状各异的轨道,就像一群蜜蜂围绕着中心点乱飞。在旋涡星系中,恒星围绕一个中心点沿着近圆形的稳定轨道旋转,呈现出薄而有序的圆盘形状。如果这种有序的旋转被打乱(例如,由于另一个星系的碰撞),那么圆盘形状也会被破坏;这种破坏可能是永久的,由此会变成混乱的椭圆的星群。

✦ 星系有多大?

星系的体积和质量差异很大。最小的星系可能包含 1 000 万~1 亿颗恒星,而最大的星系则包含数万亿颗恒星。小星系比大星系多得多。银河系至少包含 1 000 亿颗恒星,属于较大的星系;其星系盘直径约为 10 万光年。

✦ 矮星系是什么?

顾名思义,矮星系是质量最小、恒星数量最少的星系。围绕银河系旋转的大麦哲伦云就是一个较大的矮星系,它最多包含约 10 亿颗恒星。和所有星系一样,矮星系也有不同形状,包括矮椭圆星系和矮不规则星系等。

✦ 星系在宇宙中是如何分布的?

观测显示,星系在宇宙中的分布是不均匀的。并非所有星系都保持大致相同的距离,均匀地分布在宇宙中;大多数星系都聚集在数百万光年长的巨大的丝状或纤维状的结构中。这些丝状或纤维状的结构在密集的节点(星系团和超星系团)处相连,最终形成了一个三维网状分布的结构,被称为宇宙网。在丝状或纤维状结构之间,是巨大的"网孔",其中星系相对较少,这些稀疏的区域被称为宇宙空洞。

✦ 为什么星系在宇宙中呈网状分布,而不是完全随机分布?

理论计算表明,大约 137 亿年前的早期宇宙中,只要能量和物质的分布存在微小的波动,那么经过数十亿年的引力作用,宇宙中的物质就会自然形成网状结构。计算天体物理学家创建了详细的模型,模型中可以看到整个空间中物质的初始分布,还模拟了在

在宇宙形成的早期，星系碰撞更为频繁，巨大的星系可能就是在这一时期形成的。在这幅图画中是一个含有大量尘埃的超大星系，其中心的黑洞中喷射出粒子流。

宇宙微波背景中观察到的波动。然后，他们让模型快速穿越时间，以观察数十亿年后物质的分布会变成什么样子。得出的结果在统计学上与当前宇宙的样子非常相似。

星系群是什么？

一个星系群通常包含两个或以上与银河系相当或更大的星系，以及至少十几个小星系。银河系所在的本星系群中有仙女星系和银河系两个大星系，还有几十个小星系，包括大麦哲伦云、小麦哲伦云、矮椭圆星系 M32、小型旋涡星系 M33 和许多小型矮星系。本星系群横跨数百万光年。

星系团是什么？

星系团是在单一引力场中的大量星系的集合。星系团通常包含至少十几个质量与银河系相当的星系，以及数百个较小的星系。在富星系团（包括 1 000 个以上星系的星系团）的中心，通常有一个被称为 cD 星系的椭圆星系。星系团的跨度通常约为 1 000 万光年。银河系位于室女星系团的外围，而室女星系团位于室女超星系团中心的附近。

✦ cD 星系是什么？

cD 是英语 "central-Dominant"（意为 "中心主导"）的简称，是出现在富星系团中心的巨大的椭圆星系。天文学家认为，cD 星系是由许多小星系碰撞合并而形成的巨大的单一星系。室女星系团中心的 cD 星系的质量是银河系的许多倍，每个星系都可能包含 1 万亿颗恒星。

✦ 超星系团是什么？

超星系团是比星系团更大的结构。它们出现在宇宙网中大量丝状或纤维状结构的节点处，其跨度可达 1 亿光年或更大。超星系团中通常包含许多星系团。有的超星系团中心有一个非常大的星系团，中心引力场中还聚集着许多其他星系团。一个超星系团包含数千个甚至数百万个星系。银河系位于室女超星系团的边缘。

✦ 场星系是什么？

场星系指的是没有或几乎没有邻近星系的星系。许多场星系实际上是小型星系群的成员，但场星系绝不可能出现在富星系团中。天文学家认为，宇宙中绝大多数（约 90%）的星系都是场星系。

✦ 哪种星系类型最常见？

这取决于星系的环境。在场星系和星系群中，旋涡星系比椭圆星系更为常见。然而，在富星系团中，情况则相反。有趣的是，我们研究宇宙历史时发现，时间越久远，不规则星系和特殊星系就越常见。在宇宙历史的任何时期，暗淡的矮星系都远多于明亮的、银河系这样的大型星系。

✦ 有哪些著名的星系？

下表列出了天文学家和天文爱好者们认为的比较著名的星系。

表2 著名的星系

名　　称	星表编号	类　　型
仙女星系	M31 或 NGC 224	旋涡星系
触须星系	NGC 4038 和 NGC 4039	交互作用星系
车轮星系	ESO 350-40 或 MCG-06-02-022a	透镜星系
半人马座 A	NGC 5128	椭圆星系
双鼠星系	NGC 4676	交互作用星系
风车星系	M101 或 NGC 5457	旋涡星系
草帽星系	M104 或 NGC 4594	透镜星系
三角星系	M33 或 NGC 598	旋涡星系
涡状星系	M51 或 NGC 5194	旋涡星系

银　河　系

银河系是什么？

银河系是我们所在的星系。它包含太阳和至少 1 000 亿颗其他恒星。一些现代天文学测算结果表明，银河系中可能有高达 5 000 亿颗恒星。银河系中包含在星际自由漂浮、由气体尘埃组成的星云，总质量超过 10 亿个太阳，以及数百个星团，每个星团包含的恒星数量从几百颗到几百万颗不等。

银河系属于哪个类型？

对于我们来说，了解银河系的形状就像一条小鱼试图弄清楚海洋的形状一样困难。然而，根据仔细的观察和计算，银河系似乎是一个棒旋星系，在哈勃分类下可能被归类为 SBb 或 SBc。

为什么我们所在的星系被称为银河系？

棒旋星系包含星系核和星系盘。大部分恒星位于星系盘中；星系核位于棒旋星系的中心，也聚集了大量恒星。从地球上看，星系盘跨越整个夜空，宽度大约与手掌相当。肉

从没有云层遮挡和光污染的地方观察夜空，银河就像一条横跨天际的星光之河。

眼看来，它就像是一条横跨天际的星光之河。中国古人称这条光带为"银河"；而古希腊人认为它是一条"乳汁之路"，称之为"γαλαξίας"，古罗马人称之为"via lactea"，英文中的"Milky Way"（意为"银河"，直译为"乳汁之路"）就是这么来的。后来，天文学家意识到我们就生活在这个星系中，从此"银河"这个名字不仅用来指天空中的星带，还用来指整个星系。

✨ 银河系位于宇宙的什么地方？

银河系位于室女超星系团的外围。（室女星系团的中心是室女超星系团中最大的质量集中区，距离我们大约 5 000 万光年。）

从更广泛的意义上说，银河系位于可观测宇宙的中心。当然，这并没有什么特别之处，因为从宇宙的尺度来看，宇宙中的每一个点都在与其他点相互远离，宇宙中的每一个天体都位于自己的可观测宇宙的中心。

✨ 地球位于银河系的什么地方？

地球围绕太阳运行，而太阳位于银河系的一条旋臂——猎户臂上。（尽管银河系或其他任何星系的旋臂都不是实体结构，但星系的规模大到密度波可以持续数百万年；因此，在宇宙历史的这个时期，说我们"位于"这个旋臂上也无伤大雅。）地球和太阳距离银河系中心约 2.5 万光年。

太阳

从这幅画中，我们可以清晰地看到银河系是一个棒旋星系。同时，画中标出了太阳系在银河系中的位置。

银河系有多大？

目前的测算结果表明，银河系的星系盘直径约为 10 万光年，厚度约为 1 000 光年。如果把银河系的星系盘比作一张巨大的比萨饼，那么太阳系可能只是饼皮上的一粒微小的罗勒粒，要用显微镜才能看到，大概位于中心到边缘的中点处。银河系的棒状结构高约 3 000 光年，长度可能达到 10 000 光年。

如果把银河系中的暗物质也考虑进去，那么它的体积会大幅增加。根据目前的测算结果，银河系引力场中至少有 90% 的质量是由暗物质构成的。因此，银河系的发光恒星、气体和尘埃都嵌在一个巨大的、近球形的暗物质晕的中心，这个暗物质晕的直径超过 100 万光年。

我们可以看到整个银河系吗？

我们在夜空中看到的星星几乎都是银河系的一部分。原始意义上的"银河"（即我们用侧视角度看到的银河系星系盘），在一年中适合观看的晚上，可以在远离城市灯光的地方看到。不过，银河的大部分都被地球挡住了，我们看不到。

尘埃云和气体云形成屏障，散射或阻挡了银河系中的大部分光线。利用红外线、微波和无线电技术，我们可以穿透大部分尘埃和气体，观测到更多的银河系天体。但总的来说，银河系中至少有一半的恒星和气体是我们看不到的。

地球在银河系内移动的速度有多快？

在银河系的星系盘内，地球（随着太阳系）在稳定、近圆形的轨道上围绕银河系中心运行。最新的天文测算表明，地球围绕银河系中心运行的轨道速度约为 200 千米 / 秒。这几乎是大多数商用喷气式飞机巡航速度的 1 000 倍。即便如此，银河系实在太大了，完整绕行一周需要大约 2.5 亿年。

✦ 对银河系的最早的研究有哪些？

17 世纪初，伽利略首次用望远镜观测了银河，发现这条光带是由大量看起来非常接近的暗淡的恒星组成的。1755 年，德国哲学家伊曼努尔·康德提出，银河系是一个透镜形状的恒星集合体，而且宇宙中这样的集合体还有很多。还有因为发现了天王星而名声大噪的德裔英国天文学家威廉·赫歇尔，他是第一位对银河系进行科学探测的天文学家。

✦ 银河系为什么是翘曲的？

银河系的星系盘实际上并不是完全扁平的。除了它略有厚度外，它还在某种程度上发生了翘曲，类似于一张旋转的比萨饼皮被抛向空中时，在旋转过程中发生的扭曲和晃动。当然，由于我们的星系比比萨饼大得多，所以这种翘曲需要数百万年的时间才能围绕盘面旋转一周，甚至更久。

天文学家认为，一个或多个矮星系落入银河系时产生的引力效应导致了这种翘曲。这种相对较小的作用力不会破坏星系盘的结构，但可能会导致轻微的弯曲。

某些流行的科幻节目把银河系的翘曲说成一种超光速旅行的方式，不幸的是，这只是噱头而已。

银河系的邻居

✦ 在银河系的附近有哪些星系？

当讨论星系时，"附近"一词表示的不是日常意义上的"近"，而是相对于其他星系的"近"。在距离银河系几百万光年的范围内，分布着几十个星系，它们组成了本星系群。其中一些星系，如人马矮椭圆星系，几乎接触到银河系的边缘。本星系群中的星系都称得上在银河系的"附近"。

✦ 本星系群中哪个星系最大?

仙女星系的体积略大于银河系,是本星系群中最大的星系。仙女星系也被称为 M31,因为它是夏尔·梅西耶在 1774 年出版的著名夜空天体目录中列出的第 31 个天体。

红外线

可见光　　　　　　　　　　　　　红外线

仙女星系(M31)中的尘埃　　　　　　斯皮策空间望远镜·MIPS

❚ 图中我们可以看到利用红外线和可见光观测到的仙女星系。

✦ 仙女星系是什么时候被发现的?

在晴朗无月的夜晚,人们可以用肉眼勉强看到仙女星系。因此,古代天文学家很可能知道它的存在,但不知道它是什么。法国天文学家夏尔·梅西耶在著名的《梅西耶星表》中将仙女星系列为第 31 个天体,根据他的说法,第一个发现仙女星系的欧洲天文学家是西蒙·马里乌斯,此人于 1612 年观测到了仙女星系。马里乌斯可能是第一个通过望远镜发现仙女星系的人,然而,根据欧洲以外的记录,早在公元 905 年,古代波斯天文学家苏菲就在没有望远镜的情况下观测到了仙女星系。苏菲称之为"小云"。

✦ 仙女星系与我们的银河系有哪些相似之处?

仙女星系与银河系有许多相似之处。和银河系一样,它是一个大型旋涡星系。它的年纪似乎与银河系大致相同。它包含的许多天体与银河系天体的类型相同,包括位于中心的超大质量黑洞。仙女星系比银河系稍大一些,不过二者的直径都接近 10 万光年。

✦ 本星系群中还有哪些星系?

除了仙女星系和银河系之外，本星系群中的大约 50 个星系几乎都是矮星系。它们的直径从仙女星系和银河系直径的一半到千分之一不等，它们各自包含的恒星数从数百万到数十亿不等（相比之下，仙女星系和银河系包含的恒星数多达数千亿）。本星系群中最大的矮星系是围绕银河系运行的大麦哲伦云和小麦哲伦云，以及围绕仙女星系运行的 M32 和 M33。其他著名的本星系群的矮星系包括 IC 10、NGC 205、NGC 6822 和人马矮椭圆星系。下表列出了一些本星系群中的星系。

表 3 本星系群中的星系

名　　称	类　　型	距离（千秒差距）	绝　对　星　等
银河系	棒旋星系	0	−20.6
人马矮椭圆星系	矮椭圆星系	24	−14.0
大麦哲伦云	矮不规则星系	49	−18.1
小麦哲伦云	矮不规则星系	58	−16.2
小熊座矮星系	矮椭圆星系	69	−8.9
天龙座矮星系	矮椭圆星系	76	−8.6
雕具座矮星系	矮椭圆星系	78	−10.7
船底座矮星系	矮椭圆星系	87	−9.2
六分仪座矮星系	矮椭圆星系	90	−10.0
天炉座矮星系	矮椭圆星系	131	−13.0
狮子座Ⅱ星系	矮椭圆星系	230	−10.2
狮子座Ⅰ星系	矮椭圆星系	251	−12.0
凤凰座矮星系	矮不规则星系	390	−9.9
巴纳德星系	矮不规则星系	540	−16.4
NGC 185	矮椭圆星系	620	−15.3
IC 10	矮不规则星系	660	−17.6
仙女座Ⅱ星系	矮椭圆星系	680	−11.7
狮子座Ⅲ星系	矮不规则星系	692	−11.7

名　　称	类　　型	距离（千秒差距）	绝 对 星 等
IC 1613	矮不规则星系	715	−14.9
NGC 147	矮椭圆星系	755	−14.3
飞马座矮星系	矮不规则星系	760	−12.7
仙女座Ⅲ星系	矮椭圆星系	760	−10.2
仙女座Ⅶ星系	矮椭圆星系	760	−12.0
M32	矮椭圆星系	770	−16.4
仙女星系	旋涡星系	770	−21.1
仙女座Ⅸ星系	矮椭圆星系	780	−8.3
仙女座Ⅰ星系	矮椭圆星系	790	−11.7
鲸鱼座矮星系	矮椭圆星系	800	−10.1
双鱼座矮星系	矮不规则星系	810	−9.7
仙女座Ⅴ星系	矮椭圆星系	810	−9.1
仙女座Ⅵ星系	矮椭圆星系	815	−11.3
NGC 205	矮椭圆星系	830	−16.3
三角星系	旋涡星系	850	−18.9
杜鹃座矮星系	矮椭圆星系	900	−9.6
沃尔夫—伦德马克—梅洛特星系	矮不规则星系	940	−14.0
宝瓶座矮星系	矮不规则星系	950	−10.9
人马不规则矮星系	矮不规则星系	1 150	−11.0
唧筒座矮星系	矮椭圆星系	1 150	−10.7
NGC 3109	矮不规则星系	1 260	−15.8
六分仪座B星系	矮不规则星系	1 300	−14.3
六分仪座A星系	矮不规则星系	1 450	−14.4

✦✦ 大麦哲伦云是什么?

大麦哲伦云是围绕银河系运行的最大的矮星系。它是一个不规则星系,形状呈圆盘状,与银河系相似。我们从侧面观测它,所以它看起来像一支长方形的雪茄。大麦哲伦星系直径约为 3 万光年,距离地球约 17 万光年。它以探险家费尔南多·麦哲伦的名字命名,因为麦哲伦在 1519 年记录了它的存在,成为首位记录这一星系的欧洲人。

✦✦ 大麦哲伦云中最近发生了什么重要的天文事件?

1987 年 2 月 23 日,大麦哲伦云中出现了超新星 1987A。它一出现就立刻被天文学家观测到了。这一事件对天文学家来说意义重大,因为它是数百年来观测到的唯一一次超新星爆发——巨大的恒星爆炸。这一事件为天文学家提供了一个极有价值的"恒星实验室",用以研究恒星的诞生、演化和死亡。如今,天文学家仍在密切关注超新星 1987A。

✦✦ 小麦哲伦云是什么?

大麦哲伦云有一个比它小一点的同伴——小麦哲伦云,它也是一个围绕银河系运行的矮不规则星系。它大致呈圆盘状,直径约为 2 万光年,距离我们约 20 万光年。大、小麦哲伦云中恒星形成的速度都远快于银河系。因此,对于研究恒星和星系形成与演化的天文学家来说,它们是重要的研究对象。

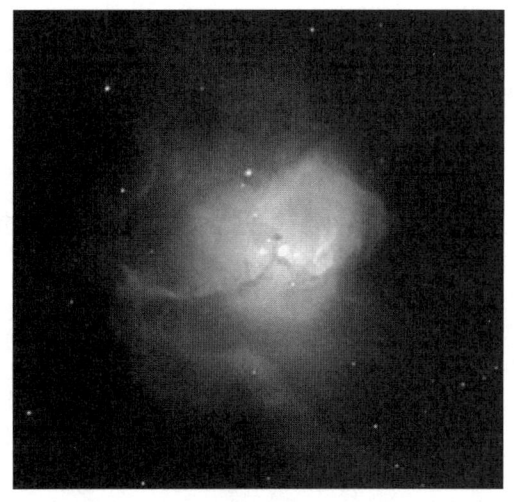

N81 是位于小麦哲伦云的星云,由约 50 颗恒星组成,彼此相距仅 10 光年左右。大、小麦哲伦云都存在种种特殊现象,让它们被归为不规则星系。

✦✦ 谁第一个确定小麦哲伦云是一个独立的星系?

美国天文学家哈洛·沙普利 1913 年获得普林斯顿大学的博士学位,当时他与亨利·诺里斯·罗素共事,后者以创建赫茨普龙-罗素图而闻名。沙普利和罗素研究了食双星——由两颗恒星相互绕转形成的系统,其中一颗恒星会定期挡住另一颗恒星,让我们无法观测到后者。后来，在加利福尼亚州帕萨迪纳的威尔逊山天文台工作时，他研究了其他类型的变星，包括天琴座 RR 型变星和造父变星，这些变星都可以被用作标准烛光来测距。利用这些标准烛光，他测量了许多围绕银河系旋转的球状星团的距离。通过绘制球状星团的位置图，沙普利证明了银河系的星系盘直径约为 10 万光年（比之前认为的要大得多），我们的太阳系位于银河系的一侧，而不是其中心。

1921 年，沙普利成为哈佛大学天文台台长。在那里，他开始研究大麦哲伦云和小麦哲伦云中的变星。1924 年，他利用这些变星作为标准烛光，证明小麦哲伦云距离地球至少 20 万光年，这说明它肯定是一个独立的星系，而不是银河系的一部分。

✦ 1920 年的沙普利-柯蒂斯之争是怎么回事？

20 世纪的前 20 年里，哈洛·沙普利认为银河系是宇宙中唯一的大星系。而其他科学家，如希伯·柯蒂斯，则认为螺旋星云等实际上是独立星系，和我们的银河系一样。为了更好地阐明这一当时非常重要的科学问题，1920 年在美国华盛顿特区，沙普利和柯蒂斯展开了一系列科学辩论。两人都以自己的方式论证这一科学问题，并对双方的证据进行比较。最终证明，哈洛·沙普利是错误的，希伯·柯蒂斯是正确的：银河系确实是宇宙中数十亿个星系之一。尽管沙普利是错的，但今人仍然认为他是一位伟大的科学家。

✦ 为什么小麦哲伦云在观测宇宙学的历史上如此重要？

1913 年，美国天文学家亨丽埃塔·斯旺·莱维特和丹麦天文学家埃纳尔·赫茨普龙研究了小麦哲伦云中的造父变星。研究中首次计算了造父变星的周光关系，并发现它们具有被当作标准烛光来确定银河系以外天体距离的潜力。10 年后，埃德温·哈勃利用他们的研究成果，断定仙女星系位于银河系之外，这一发现促成了河外天文学的诞生。

星系的距离和年龄

✦ 天文学家是如何测量星系之间的距离的？

埃德温·哈勃在 20 世纪 20 年代首次测量了地球与仙女星系的距离。在过去的 1 个世纪里，这一测量值被多次修正。

如今，除了为测试特定天文学方法的可行性而进行的测距外，大多数天文学家都使用哈勃定律（即红移与距离之间的关系）来测量遥远星系之间的距离。

哈勃定律的原理是什么？

埃德温·哈勃表明，由于宇宙的膨胀，星系离观测点越远，它远离的速度就越快。哈勃定律给出了红移与距离之间的比例，即哈勃常数。利用当前对宇宙的膨胀率的最佳测量值，并结合宇宙的几何形状，天文学家只需测量一个星系的红移，即可得出该星系与我们的距离。

在观测遥远的天体时，多普勒频移起到什么作用？

正如维斯托·斯里弗、埃德温·哈勃以及其他具有开拓意识的天文学家近1个世纪前所发现的，在天文学领域，可以利用多普勒频移来测算物体是在朝向观测者运动还是在远离观测者。物体朝向观测者运动时会产生蓝移，物体远离观测者时会产生红移。宇宙的膨胀导致星系之间越来越远，而且远离的速度越来越快，红移也随之变得越来越明显。当距离超过10亿光年时，红移会明显到爱因斯坦的狭义相对论成为影响运动的一个因素，此时通常情况下将红移转换为运动速度的多普勒公式不再适用，必须使用一个更复杂的公式，即相对论多普勒公式。

怎样计算天体的红移？

要计算天体的红移，必须（1）确定观测到的波长与静止波长之间的差异，以及（2）将该差异量表示为与静止波长的比率。尽管听起来很复杂，但实际上很简单。事实证明，在推导遥远星系的属性（如年龄和距离）时，红移数值非常有用。

下面举一个例子。假设一位天文学家在测量一个遥远星系的光谱。如果未红移的静止波长为100纳米，但对于这个星系，光谱在200纳米处，那么测得的红移就是1；在300纳米处，则红移为2；在400纳米处，则红移为3；以此类推。

红移与星系的年龄和距离有什么联系？

天文学家已经推断出，一个天体的红移不仅仅表示它远离我们的速度有多快，还表示我们接收到的来自遥远天体的光线，自从离开该天体以来，宇宙的膨胀程度。如果天文学家观测到一个星系的红移为 1，那么当宇宙直径只有现在的一半时，这束光就离开了该星系；如果红移为 2，那么宇宙直径只有现在的 1/3；如果红移为 3，那么宇宙直径只有现在的 1/4。这种模式直到可观测宇宙的边缘也是适用的：当红移接近无穷大时，宇宙的大小就接近零，即大爆炸的时候。这意味着红移是测量任何遥远天体的年龄的一种方式。天文学家可以根据当时宇宙和现在宇宙体积的比值推算出任何天体的年龄。

✦ 在大距离上，红移会不同吗？

不完全是。在观测遥远星系时，虽然可以使用相对论多普勒公式将测得的红移转换为相应的运动速度，但是，在大尺度上，测得的红移几乎与星系在宇宙空间中的运动无关，只与宇宙的膨胀有关。

✦ 回顾时是什么？

光或者任何形式的电磁辐射，在太空中的传播速度约为 30 万千米 / 秒。这意味着，如果我们看到一个距离我们 30 万千米远的物体，那么该物体发出的光需要 1 秒才能到达我们这里——我们实际上看到的是该物体 1 秒前的状态。这种效应被称为回顾时。

对于天文距离而言，回顾时可能非常明显。太阳的回顾时是 8 分钟；木星的回顾时接近 1 小时；而对于半人马座 α 星系统，回顾时则接近 4 年半。

✦ 回顾时是如何影响对星系的观测的？

与太阳系的其他行星相比，其他星系距离地球真的非常遥远。因此，星系的回顾时与宇宙总年龄的比值可能很大。每 1 光年的距离就会产生 1 年的回顾时。如果一个星系距离我们 50 亿光年，那么我们看到的就是它 50 亿年前的样子，那时地球甚至还没有形成。

✦ 天文学家是如何利用回顾时研究宇宙的？

从某种意义上说，回顾时给研究带来麻烦，因为关于遥远星系的现状，我们永远都只能停留在猜测层面。但反过来说，天文学家可以利用回顾时来研究宇宙的演化过程，因为他们能够直接观察到遥远星系过去的模样，而不需要像生物学家和历史学家那样依赖化石或主观的书面记录。这就好比我们多年前拍摄了某个城镇的照片，然后将其与最近拍摄的另一张照片进行比较，观察这个城镇发生了哪些变化。利用回顾时，天文学家可以推断出自 137 亿年前大爆炸以来宇宙是如何变化的。

最远的星系有多远？

迄今为止观测到的最远的星系的红移在 6 到 7 之间，这意味着它们与我们的距离大约为 120 亿～ 130 亿光年。由于宇宙视界的范围是 137 亿光年，这意味着天文学家已经观测到了可观测宇宙的 90% 以上。

存在比"最远的星系"更远的天体吗？

根据目前的天文学理论，的确可能存在更远的天体。但由于回顾时，这些遥远的天体也是最古老的天体，因此它们可能过于暗弱，无法用现代望远镜探测到，或者可能当时的宇宙尚未完全透明。

迄今为止发现的最远的天体是星系。不久以前，已知的最遥远的天体是类星体，现在我们知道类星体也都位于星系中。如今，类星体和非类星体星系经常争夺"已知的最遥远天体"的称号。

类星体是什么？

类星体是具有极高亮度的活跃星系核的统称。之所以称它们为类星体，是因为在典型的可见光天文图像中，它们通常看起来像周围有少许模糊结构的星星。事实上，它们根本不是星星，但与它们所在的星系相比，它们实在太明亮了，以至于掩盖了星系的光。

最古老的星系，其年龄有多大？

由于回顾时的存在，迄今为止观测到的最遥远的星系就是最古老的星系。这些星系的红移在 6 到 7 之间，说明它们距离我们大约 120 亿～ 130 亿光年，有 120 亿～ 130 亿年的历史。

星系是什么时候形成的？

由于宇宙中已知的最遥远（也是最古老）的星系，其红移在 6 到 7 之间，因此第一批星系必然在更早的时候就已经形成。当前的星系形成模型表明，第一批星系可能红移在 10 到 20 之间，也就是 130 多亿年以前形成的。

✦ 银河系是一个古老的星系吗?

银河系当然是一个古老的星系，至少有 100 亿年的历史。但当前的研究表明，银河系并不在最古老的星系之列，最古老的星系形成于 130 多亿年前。

星 际 介 质

✦ 星际介质是什么?

星际介质是存在于星系内部的物质，位于恒星之间和恒星周围，但不包括恒星。几乎所有的星际介质都是由气体和微小的尘埃颗粒组成的。

✦ 星系中有多少星际介质?

银河系这样的星系（即不包含非重子暗物质的星系）中，其发光物质中的约 1% 为星际介质。其余质量主要由恒星和恒星遗迹（白矮星、中子星和黑洞等）构成。

✦ 星际介质的密度有多大?

平均而言，银河系中我们所在区域的星际介质的密度约为每立方厘米 1 个原子。相比之下，地球海平面处的大气中每立方厘米含有约 10^{19} 个气体分子。此外，局地星际介质中，大约每 1 000 万立方米有 1 个尘埃颗粒。

在某些区域，星际介质的密度可能会大得多。当某一特定区域的气体和尘埃的密度足够大（比我们所在区域大数千倍）时，星际介质可以形成"云团"。不过不要高估星际云的密度，它们比地球上最好的真空实验室所能产生的最小密度还要小数百万倍。

✦ 星际介质看起来是什么样子的?

星际介质可以呈现出惊人多样的形态和颜色。大部分星际介质是看不见的，不仅如此，它们还会遮挡遥远的天体，阻碍我们的观测。然而，通过各种物理过程，星际介质可以聚集在特定的结构中，并产生形状和大小都极为惊人的美丽星云。从一些星云的名字中就可以一窥它们的魅力：玫瑰、猫眼、沙漏、小丑脸、面纱……

星际介质如此稀薄，我们是如何看到星云的呢？

尽管星云按照地球的标准来说稀薄得令人难以置信，但它们的体积优势弥补了密度的不足。星云可能宽达数光年，因此我们从远处看到的气体总量可能远远超过地球大气层中最厚的云层，这使得它们相当容易观测。

分子云是什么？

分子云是一种包含分子（由原子组成的结构）的星际云。星际云中含有分子这一情况本身就足够有趣。更有趣的是，如果星际云中含有分子，那就意味着它可能成为新恒星的诞生之地。

星际介质中的分子只存在于分子云中吗？

不，它们也存在于恒星周围的星际环境中。然而，太空中的气体分子比原子脆弱得多。例如，恒星发出的紫外辐射很容易破坏分子，使它们再次分解成原子。分子云中尘埃的密度有助于保护漂浮其中的分子，使它们不会被轻易地破坏。

分子云有多大？

与恒星相比，分子云非常巨大。最大的被称为巨分子云，其跨度可达数光年。巨分子云的质量可能是太阳的数万倍甚至数百万倍；它们可能包含许多密度很大的核心区域，每个核心区域包含的气体相当于 100 ～ 1 000 个太阳的质量，这是构建一个新的恒星群所需的原材料。

在星系中的什么地方可以找到星际介质？

与旋涡星系相比，椭圆星系中的星际介质一般不多。例如，银河系是一个旋涡星系，它包含的星际介质的质量是太阳的数十亿倍。相比之下，与银河系大小相近的椭圆星系包含的星际介质可能连银河系一半的量都没有。不规则星系中，星际介质的质量所占的比例最大。在大多数星系中，星际气体和尘埃大多聚集在星系盘中，而不是在星系核球或星系晕中。

星际尘埃和家里的尘埃相似吗？

答案是否定的。与地球上常见的尘埃相比，星际尘埃通常要小得多，而且是由截然不同的物质组成的。家里的尘埃通常由泥土、沙子、布料纤维、碎纸屑、动植物残渣，甚至微生物组成，而星际尘埃则主要由碳和硅酸盐物质组成，有时混有固态的水、氨和二氧化碳。

星际介质会对天文观测产生什么样的影响？

星际介质本身是天文学研究的目标。然而，它也可能使天文观测变得更为复杂。想想地球上的日落。太阳在日落时看起来比中午时更红——这是因为当太阳在天空中较低的位置时，阳光要穿过尘埃密度更大的空气；天空中的尘埃往往会按一定比例吸收更多的蓝光，让更多的红光穿过。这种尘埃的影响被称为消光，它不仅会改变被观测的天体的颜色，还会使它们变得模糊。

为什么星际介质如此重要？

宇宙中的每一个大型天体都是由更小的组成部分构成的。只有在足够的星际介质聚集在一起，通过物理、化学甚至生物的方式相互作用的前提下，才可能形成恒星、行星、植物和人类这样的东西。也就是说，我们地球上的生物都是星际介质的一部分。因此，为了了解我们的起源和我们本身，我们必须了解星际介质，它是我们观测到的宇宙万物的基本构成成分。

星　云

星云是什么？

星云是太空中某一处的星际云的集合体。尽管星云非常美丽，但大多数星云平均每立方厘米只包含几千个原子或分子。这比地球上最好的真空实验室所能达到的密度还要小得多。

✦ 有多少种星云?

星云有很多种分类方式，既有非正式的也有正式的。一般来说，星云可以分成暗星云、反射星云、发射星云、行星状星云和超新星遗迹等。

✦ 暗星云是什么?

暗星云，顾名思义，很暗。它们看起来像天空中的黑色斑点。它们之所以很暗，是因为它们主要包含冰冷的、高密度

位于 M33 星系的 NGC 604 星云，其直径约为 1 500 光年。

的、不透明的气体，还有大量尘埃后面的恒星发出的光。煤袋星云是一个典型的暗星云，它位于南十字座附近。

✦ 反射星云是什么?

反射星云被附近明亮的光源照亮。星云中的尘埃颗粒就像无数面微小的镜子，将来自恒星或其他高能天体的光反射到地球上。用肉眼观测，反射星云通常呈蓝色，这是因为这种情况下，蓝光的反射效果比红光好。

✦ 发射星云是什么?

发射星云是一种发光的气体云，它内部或背后有一个强大的辐射源——通常是明亮的恒星。如果辐射源释放出足够多的高能紫外线，星云中的部分气体就会被电离，这意味着原子的电子和原子核会分离，然后在星云中自由运动。当自由电子与自由原子核重新结合形成原子时，气体会发出特定颜色的光，颜色取决于气体的温度、密度和成分。例如，猎户星云主要发出绿光和红光。

✦ 有哪些著名的星云?

下表列出了一些著名的星云。

表4　著名的星云

名　称	星表编号	类　型
蟹状星云	M1或NGC 1952	超新星遗迹
哑铃星云	M27或NGC 6853	行星状星云
鹰状星云	M16或NGC 6611	发射星云
爱斯基摩星云或小丑脸星云	NGC 2392	行星状星云
船底星云	NGC 3372	发射星云
上帝之眼或螺旋星云	NGC 7293	行星状星云
马头星云	巴纳德33	暗星云
沙漏星云	MyCn18	行星状星云
礁湖星云	M8或NGC 6523	发射星云
猎户座大星云	M42或NGC 1976	发射星云
猫头鹰星云	M97或NGC 3587	行星状星云
环状星云	M57或NGC 6720	行星状星云
煤袋星云	无	暗星云
三叶星云	M20或NGC 6514	发射星云
面纱星云	C33和C34	超新星遗迹
女巫头星云	IC 2118	反射星云

星系中的黑洞

✦ 除了恒星和星际介质，星系还包含什么？

星系通常拥有巨大的磁场，这些磁场贯穿其星系盘和核球，也包含它们周围的广大区域。尽管在某一特定位置，磁场可能较弱，但磁场的整体效果非常强大，可以影响整个星系中荷电粒子和星际介质的运动。此外，星系中还可能包含黑洞。

✦ 银河系是否包含一个超大质量黑洞？

是的，银河系包含一个超大质量黑洞。银河系的中心位于人马座的方向；在中心位置，有一个被称为人马座 A 的天体，它发出的 X 射线和无线电波远超过一个恒星大小的天体所应有的量。在对人马座 A 附近的恒星的运动进行了 10 多年的观测后，天文学家得出结论，人马座 A 是一个不可见的天体，其质量是太阳的 300 多万倍。宇宙中唯一具有这种特性的天体就是超大质量黑洞。

每个星系都包含黑洞吗？

已经观测到的黑洞主要分为三大类：恒星级黑洞、中等质量黑洞和超大质量黑洞。只要一个星系包含炽热、明亮且质量是太阳 20 倍或以上的恒星，就几乎可以肯定它也包含恒星级黑洞。

这幅画中有 2 个活跃星系，其中心区域都存在黑洞。人们一度认为像右边的活跃星系一样中心没有核球的星系不可能包含黑洞，不过事实证明这种观点是错误的。

每个星系都包含超大质量黑洞吗？

答案是否定的，但根据目前的观测，大多数星系确实包含一个超大质量黑洞。在已观测到的附近星系中，超过 90% 似乎都包含一个超大质量黑洞。

活 动 星 系

活动星系是什么？

如果一个星系中心有一个超大质量黑洞，那么这个黑洞可能会从周围的恒星和气体中吸收物质，不断积累。如果物质被吸收的速度极快（每秒几个地球的质量，或更快的速度），那么在物质坠入黑洞的过程中会产生巨大的能量。这一过程中释放的能量可能远远超过恒星核聚变产生的能量；事实上，这样的超大质量黑洞系统在几秒内辐射出的能量，可能比太阳在数千年甚至数百万年内产生的能量还要多。这种系统被称为活动星系核，包含活动星系核的星系就是活动星系。

谁是第一个发现和研究活动星系的人？

美国天文学家卡尔·赛弗特是活动星系的发现者。赛弗特的主要工作是确定恒星和星系的光谱特性、颜色和光度。1940 年，他前往加利福尼亚州的威尔逊山天文台担任研究员一职（埃德温·哈勃就是在这一机构得到最著名的发现的）。到 1943 年，赛弗特已经发现了一些核心异常明亮的旋涡星系。这些星系的光谱特征非常反常，发射谱线极强极宽，表明其核内正在进行能量极高的活动。如今，为了纪念他，这类活动星系被称为赛弗特星系。

活动星系有多少类型？

活动星系核可以出现在任何类型的星系中——无论是旋涡星系、椭圆星系，还是不规则星系。由于活动星系核的能量辐射方式不同，它们的外观也截然不同。因此，活动星系核可以被分为多种类型，如Ⅰ型赛弗特星系、Ⅱ型赛弗特星系、射电星系、耀变体以及射电喧噪类星体和射电宁静类星体。有时，为了简化问题，天文学家将所有光度极高的活动星系核统称为类星体。活动星系核有时并不特别明亮，发出的光比其所在星系的其他部分要弱得多。这种活动星系被称为低光度活动星系核，它们可能具有许多不同于类星体的特性。

什么决定了活动星系核的光度？

有时，由于银河系或者活动星系核宿主星系中的介入物质，我们观测到的来自活动星系核的光线会减少。然而，这并不会影响活动星系核的光度，即其发射出的总能量。决定活动星系核光度的唯一因素是物质坠入其中央的超大质量黑洞的速度。低光度活动星系核每年可能只有相当于几个地球质量的物质落入其中心的黑洞。而光度最高的活动星系核则以每年吞噬 100 万个地球质量的速度进行吸积（通过落入的物质聚集质量）。

射电星系是什么？

在可见光下观测时，射电星系看上去通常是非常普通的椭圆星系，但它们释放出极大量无线电波，无线电波的总能量远远超过可见光的总能量。大部分无线电波来自"瓣"或"喷流"，这些区域可能比星系的可见部分大得多。无线电波辐射可能是在活动星系核产生的大量能量被高能粒子流带走时产生的——高能粒子流与宿主星系内部和周围的星际介质相互作用，释放出大量无线电波。

活动星系核有没有一个统一模型？

经过几十年的研究，天文学家们提出了一个统一模型，可以解释所有活动星系核呈现出各自样态的原因。所有活动星系核都具有相同的基本结构，即星系中心存在一个类星体。取决于我们的观测角度，类星体会呈现出不同的光谱特征。此外，类星体的宿主星系可以是旋涡星系、椭圆星系或不规则星系，我们可能要透过星际尘埃、大量气体，或是颜色、亮度各异的大量恒星看到类星体，这也会影响活动星系核的光谱特征。由于观测到类星体的不同部分，阻挡光线的物质也不尽相同，每个活动星系核都显得独一无二。但实际上，它们在本质上都是相同的。

类 星 体

类星体是什么?

"类星体"一词在 20 世纪 60 年代开始广泛使用,当时研究宇宙射电源的天文学家注意到,许多射电源在照片上看起来很像恒星。随后的研究表明,它们根本不是恒星,而是活跃星系核。如今,"类星体"一词经常被用来泛指任何类似恒星的天体,无论它是否发射无线电波。

类星体是如何被发现的?

在 20 世纪 50—60 年代,英国剑桥大学的天文学家们开始使用当时最灵敏的射电望远镜来绘制全天星图。他们发布了多本《剑桥星表》,一本比一本更深入、更详细。现代天文学中的常见做法是,当利用某一波段的电磁辐射探测到某个天体之后,还要在其他波段上寻找这个天体,以便更全面地了解它。第三本《剑桥星表》(3C)中包含了数百个射电源,天文学家们为这些射电源拍摄了可见光照片,以了解它们在人们眼中的样子。3C 中的第 273 个天体看起来像一颗恒星。但当天文学家更仔细地研究它发出的光时,他们发现 3C 273 实际上是一个距离银河系非常遥远的活跃星系。事实上,3C 273 是第一个被发现并确定为"活跃星系核"的天体,即类星体。

类星体最早是如何被识别为超级遥远且超级明亮的天体的?

1962 年,荷兰裔美国天文学家马尔滕·施密特在研究 3C 273 的光谱时,发现其光谱特征与某些赛弗特星系非常相似,但更为极端。此外,这些光向电磁波谱的红光波长区域发生了很大的偏移。正如埃德温·哈勃所展示的,这种红移现象表明该天体很可能位于极远之处。利用红移,施密特计算出 3C 273 距离地球近 20 亿光年。另一项计算表明,该天体的亮度远超银河系:包括无线电辐射在内,3C 273 每秒发出的光比太阳在 100 万年内发出的光还要多。很快,3C 星表中有其他射电源也被证明是类星体,它们都位于距离地球数十亿光年的地方。

✦ 类星体能有多亮？

最亮的类星体的亮度比我们银河系中所有恒星的亮度总和还要高数千倍。

✦ 类星体看起来是什么样的？

想象一下，一个高速旋转的超高温度的气体盘（被称为吸积盘），其中央有一个直径为数百万甚至数十亿千米的超大质量黑洞。围绕气体盘和黑洞的是一圈厚厚的环状气体结构，形状像甜甜圈，由密度更高、温度更低的气体组成。向黑洞坠落的物质会积聚在这个环状结构中，并慢慢盘旋进入吸积盘，最终掉入黑洞。在黑洞附近，两股能量极高的物质喷流从盘面的上方和下方射出，物质以接近光速的速度行进。这些喷流延伸到数千甚至数百万光年远的太空中。这就是类星体的基本样貌。

上图是艺术家想象中的位于遥远星系中的类星体。

✦ 蝎虎座 BL 和类星体有什么关系？

蝎虎座 BL 原本被识别为一种特殊的变星。但自从 3C 273 被证实为类星体后，天文学家重新研究了蝎虎座 BL，并意识到它也是一种类星体。然而，它的亮度变化极大且完全不可预测。如今，像蝎虎座 BL 这样的天体被称为蝎虎天体，是耀变体的一种。它们的光谱特征与 3C 273 这样的类星体非常不同，并且在 γ 射线和 X 射线波长上的能量占比远大于大多数类星体。之所以出现这种现象，很可能是因为我们从不同的角度观测到了星系中心的超大质量黑洞。

活动星系核和类星体对天文学研究的重要性

宇宙中有多少活动星系核和类星体？

根据目前的观测结果，在地球附近的大型星系中，大约有 5% ～ 10% 包含活动星系核或类星体。越亮的类星体越罕见，例如，像 3C 273 一样明亮的类星体屈指可数。然而，越是追溯到宇宙的早期阶段，类星体的数量就越多。这是宇宙随时间演化的重要证据。

为什么活动星系核和类星体如此罕见，却十分重要？

首先，活动星系核和类星体具有极高的能量，其光度常常是宇宙中其他星系的数百倍甚至数千倍。这意味着它们对邻近区域有着巨大的影响。例如，大约 120 亿年前，类星体可能发挥了极其重要的作用，它们通过电离使当时弥漫在宇宙中的大量遮蔽性的星际气体变得透明。没有这一关键的电离过程，我们今天就无法穿透气体观察太空，天文学也会变得更加难以研究。

其次，目前的观测结果表明，宇宙中绝大多数大型星系都包含超大质量黑洞。这意味着大多数星系都具备孕育活动星系核或类星体的基本要素，而且可能所有大型星系在其生命周期的某个阶段都经历过（或将会经历）活动星系核或类星体活动。所以，活动星系核和类星体是星系演化过程中极其重要的部分，我们越了解它们，就越了解宇宙是如何演化的。

作为天文学的天然辅助工具，活动星系核和类星体的价值体现在哪里？

活动星系核和类星体的亮度极高，密度极大，它们像宇宙中的探照灯一样闪耀。因此，即使它们非常遥远，也能被相对容易地探测到。当我们观测到一个遥远的类星体时，它与我们之间的所有物质都会被照亮。除了利用类星体发出的光之外，我们还可以分析类星体的光谱，以确认是否有证据表明存在我们无法直接看到的物质。

✦ "类星体探照灯"在天空中有多亮？

在地球上，仅凭肉眼是看不到任何类星体或活动星系核的。地球上可观测到的最亮的类星体是 3C 273。它距离地球约 20 亿光年，远得让大多数小型业余望远镜观测不到它。然而，与其他遥远的天体相比，类星体极为明亮，所以使用大型天文望远镜时相对容易探测到。已知有几个类星体距离地球超过 110 亿光年，如果把太阳放在离我们 1 000 光年远的地方，那么这些类星体比太阳还要更容易被观测到。

✦ 类星体吸收线是什么？

如果类星体的光谱中包含一个并非由类星体本身产生的吸收特征，这意味着类星体的光线穿过了某些天体，这些天体吸收了一部分光线。虽然我们无法通过吸收天体发出的光来直接观测该天体，但是我们可以通过类星体吸收线对类星体光线产生的影响来研究类星体吸收线本身。

✦ 什么引起了类星体吸收线？

类星体吸收线通常是由星系内部或周围的星际介质引起的。类星体的光线穿过这些介质时，介质中的原子会吸收特定波长的类星体光线。

有时，引起类星体吸收线的星际介质不仅与单个星系有关，而且与星系群或星系团有关。有时，相关的星际介质是一片大型的自由漂浮的星系际云。有一种类星体吸收体被称为莱曼 α 云，它是一种星系际云，体积比典型的星系小得多，且其中几乎不含尘埃或重金属元素。

✦ 莱曼 α 森林是什么？

当类星体的光谱中呈现大量吸收线时，其中的大多数通常是由莱曼 α 云引起的。这些小于星系的气体团分布在宇宙中，红移程度各不相同。每个气体团都会产生一条由氢原子引起的单一吸收线，被称为莱曼 α 线，这些气体团因此得名莱曼 α 云。如果在我们和类星体之间的莱曼 α 云足够多，那么类星体的光谱中有一大片区域会被这些气体团产生的不同红移上的莱曼 α 线"切割"开来。这种效果看上去就像是在光谱中生长出一片森林，因此得名莱曼 α 森林。

✦ 天文学家能从莱曼 α 森林中了解到什么？

由于类星体光谱中的每一条莱曼 α 森林吸收线都代表了一个单独的气体团，因此可以计算出我们的视线方向上类星体与地球之间各个红移上的莱曼 α 云的数量。这些气体团的亮度不足以被直接观测到，但它们是宇宙的重要组成物质，了解莱曼 α 云的分布有助于天文学家理解宇宙中的气态物质是如何分布的。通过研究众多类星体光谱中的莱曼 α 森林，天文学家已经推断出宇宙中这些气态物质的含量与恒星物质的含量大致相当。换句话说，稀薄无形的星际介质与宇宙中所有星系的所有恒星一样，是宇宙的重要组成部分。

第4章
恒星

恒星的基础知识

 恒星是什么?

恒星是一团炽热的气体,其核心通过核聚变产生能量。宇宙中大部分可见光是恒星发出的。太阳就是一颗恒星。

 天空中有多少颗恒星?

如果没有来自地面光源的干扰,视力良好的人可以在夜晚看到大约 2 000 颗恒星。如果两个半球都包括在内,那么肉眼可以看到大约 4 000 颗星星。如果借助望远镜,可观测的恒星的数量会大大增加。仅在我们的银河系中,就有超过 1 000 亿颗恒星,而在可观测的宇宙中,这个数字至少是它的 10 亿倍。

 哪颗恒星离地球最近?

太阳是离地球最近的恒星,它与地球之间的平均距离约为 1.5 亿千米。

 除了太阳以外,哪颗恒星离地球最近?

离地球最近的恒星系统是半人马座 α,即南门二,这是一个三星系统。比邻星是三颗恒星中最暗的一颗,据测算距离地球 4.3 光年,是除太阳以外离地球最近的恒星。这一系统的主星距离地球约 4.4 光年。下表列出了一些太阳系附近的恒星。

表5　太阳系附近的恒星

名　称	光　谱　型	距离（光年）
比邻星	M5V	4.24
南门二A	G2V	4.37
南门二B	K0V	4.37
巴纳德星	M4V	5.96
沃尔夫359	M6V	7.78
拉兰德21185	M2V	8.32
天狼星	A1V	8.58
天狼星B	DA2	8.58
鲁坦726-8A	M5V	8.73
鲁坦726-8B	M6V	8.73
罗斯154	M3V	9.68
罗斯248	M5V	10.32
天苑四	K2V	10.52
拉卡伊9352	M1V	10.74
罗斯128	M4V	10.92
宝瓶座EZ	M5V	11.27
南河三A	F5V	11.40
南河三B	DA	11.40
天鹅座61A	K5V	11.40
天鹅座61B	K7V	11.40
斯特鲁维2398A	M3V	11.53
斯特鲁维2398B	M4V	11.53
格鲁姆布里奇34A	M1V	11.64
格鲁姆布里奇34B	M3V	11.64

绘 制 星 图

 星群是什么?

星群是天空中的一组恒星,从地球上观察时,它们会形成一些可识别的形状或图案。最著名的星群有北斗七星(可以用它确定北极星的位置)和夏季大三角(它由北半球夏夜最亮的三颗恒星组成)。

 星座是什么?

星座与星群相似,都是由天空中的恒星组成的,但星座通常更为复杂,包含更多恒星、更大的天区。少数星群本身也是星座,例如,被称为南十字星的星群,也是星座南十字座。

现代的星座名大多与神话有关,如神话中的神祇、英雄、生物或建筑。大多数星座与其得名所依据的形象相似,不过也有一些不太容易辨认。

星座涵盖了整个天球,并为人们提供视觉参考框架。天文学家可以利用星座来定位宇宙中的恒星和其他天体,记录地球自转和公转引起的视运动。

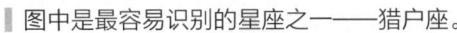
图中是最容易识别的星座之一——猎户座。

 有多少个星座?

目前,全天被分为 88 个星座。著名的星座包括天鹰座、天鹅座、天琴座、武仙座、英仙座、猎户座、蛇夫座、大熊座和小熊座,以及黄道十二星座。下表列出了一些著名的星座。

表6 著名的星座

拉丁文名称	名　称	著名的恒星
Aquila	天鹰座	牛郎星
Auriga	御夫座	五车二
Bootes	牧夫座	大角
Canis Major	大犬座	天狼星
Canis Minor	小犬座	南河三
Carina	船底座	老人星
Crux	南十字座	十字架二
Cygnus	天鹅座	天津四
Gemini	双子座	北河二、北河三
Leo	狮子座	轩辕十四
Lyra	天琴座	织女星
Orion	猎户座	参宿七、参宿四、参宿五
Ursa Major	大熊座	天枢、辅、开阳
Ursa Minor	小熊座	北极星

 谁命名了各个星座?

　　给星座命名可以追溯到古代。公元140年，古希腊天文学家托勒密编制了一份星表，将在埃及亚历山大城可见的恒星分为48个星座。这48个星座中的47个被沿用为现代星座，还有1个（南船座，像古希腊神话中的"阿尔戈号"）在18世纪50年代被细分成了4个独立的星座。在后来的几个世纪里，人们命名了许多新的星座，大多数都位于南半球以前未被测绘的天区。也有一些星座后来被废弃。许多星座最初都有希腊文名字，这些名字后来被相对应的拉丁文名字取代，并沿用至今。

 谁绘制了第一本星表?

　　公元前2世纪的古希腊天文学家喜帕恰斯，因其在天文测绘以及发明这一方面的相关仪器的贡献而闻名于世。喜帕恰斯根据肉眼观察，制作了一本星表，并根据亮度对星表中的恒星进行分类。有一颗高精视差测量卫星被恰如其分地命名为"喜帕恰斯"，该卫星利用视差法测量了超过 10 万颗恒星的位置和距离。

天文望远镜发明后，星表的内容变得极为丰富。詹姆斯·布拉得雷自 1742 年起担任英国皇家天文学家，直至 20 年后去世。他绘制了一本包含超过 6 万颗恒星精确位置的星表。德国天文学家约翰·埃勒特·波得于 1786 年成为柏林天文台台长，并在 1801 年出版了一份包含大量恒星及其位置的大型星表。

 ## 谁绘制第一张科学的南天星图？

1676 年，英国天文学家埃德蒙·哈雷前往非洲西海岸附近的圣赫勒拿岛，并建立了一座天文台——这是欧洲人在南半球建立的第一座天文台。在那里，他制作了第一张科学的南天星图，记录了 381 颗恒星的位置。

 ## 星座有什么天文学意义？

从科学的角度来看，星座本身并没有任何特殊意义。位于同一星座的恒星、星云或星系，只是从地球上观察时在天空中的位置相近，除此之外可能没有其他共同之处，它们之间的距离甚至可能比位于两个不同星座中的天体之间的距离还要远。尽管如此，天文学家们经常提到某个天体"位于"某个星座。这仅仅意味着从地球上观察时，这个天体在朝向特定星座的方向上，而不考虑该天体与地球之间的距离、该天体与星座内其他天体之间的距离。

 ## 北极星是什么？

北极星是位于北天极附近的恒星，而北天极是地球自转轴所指向的北方的位置。最近的几个世纪，一颗名为勾陈一的造父变星非常靠近天北极，因此一直被视为标准的北极星。然而，地球自转轴在千百年的时间尺度上会改变指向的方向，所以每个历史时期的北极星是不同的。比如，数千年前，当古埃及文明处于鼎盛时期时，右枢是北极星；中国周朝时期，北极二是北极星，把北极二称为"北辰"就是从那时流传下来的。

 ## 有没有南极星？

目前，在南天极附近没有容易观测的恒星。不过，有一些星群和天体相对靠近南天极，可以通过它们来大致确定南天极的位置。

对恒星的描述和测量

 夜空中最明亮的恒星有哪些?

从地球上观测,夜空中最明亮的恒星是大犬座的天狼星。不过,天狼星并不是释放光线最多的恒星,而是到达地球的光线最多的恒星。

下表列出了我们从地球上看到的最明亮的恒星。

表7　地球上看到的最明亮的恒星

名　　称	星　座	光　谱　型	视　星　等	距离(光年)
太阳	—	G2 V	−26.72	0.000 015 8
天狼星	大犬座	A1 V	−1.46	8.6
老人星	船底座	A9 II	−0.72	312.6
大角	牧夫座	K1 III	−0.04	36.7
南门二A	半人马座	G2 V	−0.01	4.4
织女星	天琴座	A0 V	0.03	25.3
参宿七	猎户座	B8 I	0.12	870.0
南河三	小犬座	F5 V	0.34	11.4
水委一	波江座	B3 V	0.46	143.7
参宿四	猎户座	M2 I	0.50	550.0
马腹一	半人马座	B1 III	0.61	390.0
五车二A	御夫座	G6 III	0.71	42.2
河鼓二	天鹰座	A7 V	0.77	16.8
毕宿五	金牛座	K5 III(红巨星)	0.85	65.1
五车二B	御夫座	G2 III	0.96	42.2
角宿一	室女座	B1 V	0.98	262.1
心宿二A	天蝎座	M1 I	1.09	553.0

 最远的恒星有多远?

在夜空中,用肉眼可以观测到约4 000颗恒星,其中最远的恒星距离我们数千光年。

来自更遥远的恒星的光在它们聚集在一起形成星团或星系时也可以被观测到。例如，我们可以不用望远镜就看到大麦哲伦云（约 17 万光年远）、小麦哲伦云（约 24 万光年远）甚至仙女星系（约 220 万光年远）的星光。如果使用望远镜，我们可以看到距离超过 120 亿光年的星系发出的星光。

 ## 贝塞尔做出了什么贡献？

德国数学家和天文学家弗里德里希·威廉·贝塞尔在 20 岁时重新计算了哈雷彗星的轨道，并将他的计算结果寄给了天文学家海因里希·奥伯斯。贝塞尔 26 岁时被任命为柯尼斯堡天文台台长，并一直担任此职直到 1846 年去世。在他的职业生涯中，贝塞尔记录了超过 5 万颗恒星的位置。为了研究太阳系内行星运动的摄动，他开发了一系列数学方程，以描述复杂的重叠运动和振动；如今，为了纪念他，这些方程被称为贝塞尔方程，是应用数学、物理学和工程学领域不可或缺的工具。贝塞尔采用很有创意的方法，以前所未有的精确度测量了大量恒星的视运动。

 ## 人类是如何第一次准确测量出恒星的距离的？

1838 年，弗里德里希·贝塞尔采用了测量恒星运动的方法来计算天鹅座 61 的视差。他测定了天鹅座 61 的周年视差，并以此计算出该恒星的距离；他得出的值与现代测量值相差无几，误差在 0.1 以下。他计算出天鹅座 61 离地球约 10 光年，远大于太阳系内任何天体之间的距离。贝塞尔的发现为恒星的研究开辟了新的领域，从那以后，人们不再仅仅将恒星视为光点，而把它们当作宇宙中的实体。

 ## 天文学家怎样描述恒星的亮度？

可以用恒星的光流量（即来自该恒星的到达地球的光量）或光度（即恒星辐射的总能量）来描述恒星的亮度。天文学家还使用一种历史悠久的方法来描述恒星的亮度——星等。

古希腊天文学家建立了最初的星等体系，最亮的恒星被归为一等星，次亮的恒星为二等星，以此类推，直到六等星——最暗的、勉强可见的恒星。望远镜发明后，人们发现了比六等星更暗的恒星，因此，天文学家将星等扩展到了一等星和六等星之外，规定星等相差 5 等，亮度相差 100 倍。由于星等体系的历史渊源，较亮的天体星等较小，而较暗的天体星等较大，所以负星等比正星等更亮。

绝对星等与视星等有什么区别？

最初的星等体系基于光流量：地球上的观测者接收到的光越多，恒星的星等就越小。这被称为视星等，因为它是从地球上看到的恒星的表观亮度。

绝对星等体系则是基于光度的体系：无论恒星位于何处，它辐射的光越多，其星等就越小。恒星的绝对星等等于把恒星放到我们10秒差距（约32.6光年）的距离处时它的视星等。

由于光流量和光度与光源和观测者的距离有关，因此视星等与绝对星等的差值被称为距离模数。

恒星的性质和原理

为什么恒星会发光？

恒星发光是因为在恒星的核心发生了核聚变反应。核聚变将较轻的元素转化为较重的元素，并在这一过程中释放出大量能量。地球上威力最大的核武器就是靠核聚变驱动的，但与太阳内部发生的反应相比，它们简直微不足道。

如果太阳内部没有发生核聚变，它还会发光吗？

即使没有核聚变反应，在一段时间内太阳也可以发光。最初，大量物质在引力的作用下向一个点坠落，由此形成了太阳。当这些物质压缩成一个密度极大的气体球时，它变得非常热，并开始辐射热和光——也就是说，在核聚变开始之前，太阳就开始发光了。如果太阳内部没有核聚变，那么这些气态物质将继续坍缩，从而产生能量，直到所有气体聚集成一个单点。

根据19世纪末开尔文勋爵和赫尔曼·冯·亥姆霍兹的计算，这种由气体坍缩产生的能量可以使太阳以当前的亮度发光数百万年。但是，根据目前的了解，太阳已经持续发光了46亿年。如果没有核聚变，太阳系将在地球上首次出现生命之前很久就陷入黑暗。

恒星中的核聚变反应是如何进行的?

原子核是不能随意结合的,只有极少数特定的核聚变反应是能够发生的,而且还必须在极端条件下。太阳的核心温度超过 1 500 万摄氏度,压强超过地球大气压 1 000 亿倍,在这种情况下,每年只有极小的概率(不到十亿分之一!),两个临近的质子会结合在一起,然后分解形成一个氘核,也称为重氢核。氘核迅速与另一个质子结合,产生一个氦-3 核。大约再过 100 万年,两个相邻的氦-3 核可以结合成一个氦-4 核,并释放出两个质子。这个复杂的过程被称为质子-质子链反应,在这个过程中,氢被转化为氦-4,极少量的物质被转化为能量。

尽管一对质子很难结合成氘核,但太阳核心的质子多到每秒都有约 450 万吨物质转化为能量,因此提供了足够的推力,使太阳保持稳定的形状,并向太空发出光芒。

 谁第一个解释了核聚变的原理?

汉斯·阿尔布雷希特·贝特第一个解释了核聚变的过程。贝特出生于德国斯特拉斯堡,曾在英国和美国学习,并于 1935 年执教康奈尔大学物理系,开始致力于研究高温下量子动力系统的运作原理。1938 年 5 月,贝特发表了他的研究成果,解释了太阳核心的核聚变反应是如何发生的,以及它如何产生能量使太阳发光。贝特在理论核物理学领域的工作,使他在第一颗原子弹的开发过程中发挥了特别重要的作用。第二次世界大战期间,他深度参与了曼哈顿计划,是在新墨西哥州的洛斯阿拉莫斯国家实验室工作的先驱之一。战后,他继续在恒星物理学领域进行开创性的研究,试图解释恒星内部的各种物理过程。由于他对科学的巨大贡献,汉斯·贝特于 1967 年被授予诺贝尔物理学奖。

 恒星是固体、液体还是气体?

恒星主要由一种被称为等离子体的特殊状态的气体组成,可以理解为带电的气体。许多人把等离子体当作物质的"第四种"状态。我们在日常生活中也可以观察到等离子体的例子,比如闪电经过的空气或荧光灯灯泡内的气体。

 恒星内部有电流通过吗?

有。通过恒星的电流比任何人造电流都要强得多,太阳的磁场就是由此产生的。除了太阳内部的一些磁场以外，太阳外部也有一个极大的磁场，延伸到数十亿千米外。

恒 星 的 演 化

 恒星演化是什么?

"恒星演化"这一术语被用来描述恒星变老的过程。恒星演化的理论广泛而复杂，是天文学中最重要的研究领域之一。恒星的衰老与人类非常相似：出生，经历不成熟的阶段，然后是漫长的成熟期，在生命临近终点时经历进一步的变化，最终死亡。

 主序星是什么?

主序星是指目前生命周期正处于成熟期的恒星。主序星将氢转化为氦，从而处于平衡状态。

 有没有不属于主序星的恒星?

有。尽管绝大多数恒星都是主序星，即处于其生命周期中最长的成熟期，但也有一小部分恒星不在主序带上，包括主序前星（也被称为婴儿恒星）和主序后星（也被称为老年恒星）。

 主序星是如何得名的?

主序带是恒星天文学工具赫罗图的最显著的特征。当天文学家想要研究一组恒星时，他们会测量每颗恒星的亮度（光流量）和温度（颜色），并将结果绘制在图表上。埃纳尔·赫茨普龙和亨利·诺里斯·罗素首先制作这种图表，所以这种图表被称为赫罗图。他们发现绝大多数数据点都落在一个狭长的对角区域内，即主序带。落在主序带中的恒星就被称为主序星。

 天文学家怎样利用赫罗图研究一组恒星?

赫罗图的竖轴数值显示恒星的光度或星等，横轴数值显示恒星的温度、颜色或光谱型。在一组典型的恒星中，绝大多数恒星会落在一个狭窄的对角区域内，这条对角带被称为主序带；高温且明亮的恒星、低温且暗淡的恒星都分布在主序带上。低温但明亮的恒星（通常是红巨星）、高温但暗淡的恒星（通常是白矮星）不在主序带上。主序带之外的恒星通常处于生命末期。

分析赫罗图的方法很多，例如，观察主序带的明暗极限有助于确定这组恒星的年龄；观察不同种类的非主序恒星的数量有助于确定这组恒星的演化历史；如果出现与主序带平行的另一条恒星带，可能表明混杂了另一组恒星。赫罗图上数据点位置的每一个细节都可以帮助我们了解复杂的恒星群体。

 ### 颜色-星等图是什么？

颜色-星等图是赫罗图的一种，竖轴数值显示恒星的视星等，横轴数值显示恒星的颜色。它们对于研究星团中的恒星群体特别有用。

 ### 沃尔夫-拉叶星是什么？

沃尔夫-拉叶星以首次发现此类天体的两位天文学家夏尔·沃尔夫和乔治·拉叶的名字命名，它是一种质量很大且非常年轻的恒星。它可以被归为主序星，但由于太年轻，还没有达到稳定的平衡状态。恒星表面刮着猛烈的风，因此环境极不稳定，不断变化。

 ### 金牛 T 型星是什么？

金牛 T 型星是一种非常年轻的中等质量恒星，因发现的第一颗此类恒星是金牛座 T 而得名。这种恒星太年轻，其核心尚未开始或刚刚开始核聚变。核心周围的物质尚未达到平衡状态，因此大部分物质仍在向恒星的中心坠落。物质的坠落产生大量能量，这些能量以猛烈的恒星风的形式从中心向外扩散。因此，恒星中心被高速旋转的尘埃和气体遮挡，无法被观测到。

 ### 原恒星是什么？

原恒星是指尚未成为主序星的恒星。换句话说，人们可能会称它们为婴儿恒星。金牛 T 型星就是一种原恒星。

原行星盘是什么？

　　一旦一颗恒星的核心开始持续的核聚变反应，恒星风就开始清除周围的尘埃、气体和其他碎片。其中一些碎片会掉入一个围绕恒星旋转的薄盘中，这种结构被称为原行星盘。得名是因为这里聚集了行星的原材料，可能是行星的诞生地。

上图说明了原行星盘的形成过程。这个原行星盘中包含大量的水。当原行星盘面向观测者时，就很容易被观测到。

 影响恒星演化的最重要因素是什么？

　　恒星的初始质量（即恒星诞生时的质量）是影响其演化的最重要因素。一般来说，恒星根据质量可分为五类：甚小质量（约 0.01 个太阳质量）、小质量（约 0.1 个太阳质量）、中等质量（约 1 个太阳质量）、大质量（约 10 个太阳质量）和超大质量（约 100 个太阳质量）。每一类恒星从诞生到死亡都遵循着相似的路径。太阳是一颗中等质量恒星。

恒星的初始质量与其光度、年龄、体积有什么关系？

恒星生命周期的主要部分是在主序星阶段。恒星的初始质量越大，其主序星阶段的光度就越大（相应地，颜色就越蓝，温度就越高），体积就越大，主序星阶段的生命周期就越短。

甚小质量恒星是如何演化的？

甚小质量恒星通常被称为褐矮星。它从诞生到死亡几乎遵循同一模式。一颗典型的褐矮星，质量只有太阳的百分之一，光度约为太阳的百万分之一。尽管光度极小，但它能持续发光达 100 万亿年或更久。

小质量恒星是如何演化的？

小质量恒星有时被称为红矮星。它诞生于氢核聚变成氦的过程中，核聚变反应还会持续很长时间，其间它的体积和形状几乎不会发生变化。它在生命周期结束时会成为白矮星。一颗典型的小质量恒星，质量约为太阳的十分之一，光度约为太阳的千分之一，主序星阶段的寿命约为 1 万亿年。

中等质量恒星是如何演化的？

中等质量恒星的质量与太阳相近。它诞生于氢聚变成氦的过程中。在度过主序星阶段后，这种恒星会经历一次剧烈的变化，在相对较短的时间内变成红巨星。红巨星阶段结束后，它会坍缩成白矮星——这是它的最终形态。太阳的主序星阶段的寿命总计约为 10 亿年。然后，它将以大约 1/10 的时间成为一颗红巨星。

大质量恒星是如何演化的？

大质量恒星在生命开始时是一颗明亮的主序星，并且之后也会变成红巨星。然而，它不会坍缩成白矮星，而是将氢聚变成氦，将氦聚变成碳，将碳聚变成氧，以此类推。这样会产生越来越重的元素，比如氖、镁、硅和铁。然后，当万有引力产生的向内的拉力和核聚变能量产生的向外的推力之间的平衡被打破时，恒星自身的引力会在极短的时间内使恒星的核心坍缩，并在一场被称为超新星爆发的巨大爆炸中炸开。这一演化路径的最终结果是中子星。中子星是坍缩的恒星核心，其直径只有大约 10 千米，但质量却是太阳的几倍。一颗质量约为太阳 10 倍的大质量恒星，其主序星阶段的光度是太阳的约 1 000 倍，主序星阶段的寿命约为 1 亿年。

 超大质量恒星是如何演化的？

超大质量恒星以极快的速度将氢聚变成氦。这种恒星的质量是太阳的 100 倍，其主序星阶段的寿命约为 100 万年，光度是太阳的 100 万倍。与大质量恒星一样，超大质量恒星在主序星阶段之后也会聚变产生越来越重的元素。然而，在超新星爆发时，超大质量恒星的核心并不会到了中子星阶段就停止坍缩，其核心的质量高达 10 ～ 20 个太阳质量，大到没有任何普通物质能够阻止引力坍缩。最后，质量被压缩成一个奇点，形成黑洞。

 行星状星云是什么？

不要被它们的名字误导了，行星状星云实际上是气体云。它们被称为"行星状"是因为当天文学家首次发现它们时，这些星云看起来是圆形的，而且色彩斑斓，很像我们太阳系中的行星。行星状星云是一颗中等质量恒星在其生命周期的最后阶段产生的。这样的恒星度过红巨星阶段后，其外层的气体会在一系列猛烈的"喷发"中脱离恒星核心，于是恒星的大气层剥离了出去。著名的行星状星云包括指环星云、猫眼星云、沙漏星云和上帝之眼。

 超新星是什么？

当恒星核心超过钱德拉塞卡极限，电子简并压力也不足以阻止其坍缩时，就会发生巨大爆炸，这被称为超新星爆发。恒星核心在几分之一秒的时间里就会坍缩成一个直径约 10 千米的致密球体。此时，恒星温度极高，压强极大，几乎无法估量；而坍缩的反作用力则会引发一场巨大的爆炸。恒星的内核被吹向星际空间，在 10 秒内释放的能量比太阳在数十亿年的生命周期中释放的能量还要多。

超新星大致分为两类。一颗较老的白矮星因获得足够的质量而超过钱德拉塞卡极限，导致坍缩，会产生 I 型超新星。II 型超新星则是由一颗质量极大的恒星产生的，其引力实在太过强大，因此其核心区域会在自身质量的作用下超过钱德拉塞卡极限。

位于大麦哲伦云、被狼蛛星云包围的霍奇 301 是一个由正在死亡的恒星组成的星团。霍奇 301 内的许多恒星，要么已经爆炸成为超新星，要么作为正在衰老的红巨星将很快爆炸。

大大小小的恒星

矮　　星

 褐矮星是什么?

　　褐矮星是甚小质量恒星的另一个名称,它们的质量小到几乎不会发生核聚变反应,但质量远大于太阳系中的任何行星,所以也有人称褐矮星为"失败的恒星",或认为它们不算恒星。直到 20 世纪 90 年代,褐矮星的存在才得到证实;原因是它们的光球层的温度很低,所以非常暗淡,几乎不发出可见光,只能通过红外望远镜技术才能发现。自从科学家发现褐矮星以来,红外望远镜和红外天文照相机取得了长足进步,近年来又发现了大量褐矮星。事实上,发现的褐矮星如此之多,科学家甚至推测银河系中褐矮星的数量可能超过了所有其他恒星的总和。

▍这是一幅艺术想象图,我们可以从中清楚看到太阳系和褐矮星行星系的大小对比。

红矮星是什么?

红矮星就是小质量的主序星。它们的温度较低（其光球温度约为 3 000 开尔文），因此发出暗淡的红光。与其他大多数恒星相比，红矮星又小又暗。

 ### 白矮星是什么?

白矮星是一种常见的恒星"遗骸"。中等质量和小质量恒星往往会以白矮星的形式结束生命周期。随着这些恒星核心的核聚变反应产生的能量逐渐减少，最后"燃料"耗尽，恒星会在自身重量的作用下坍缩，直至等离子体内的原子核相互挤压，这时，由于原子核之间相互排斥，恒星不再进一步坍缩，这种状态被称为电子简并。坍缩使恒星剩余的热量集中在很小的空间内，导致白矮星发出炽热的白光。质量与太阳相当的白矮星只有地球大小的体积，与最初相比，其直径缩小了约 100 倍，体积缩小了约 100 万倍。1 勺的白矮星物质重达数吨。

 ### 第一颗被人类探测到的白矮星是哪颗?

20 世纪初，研究天狼星（从地球上观察，这是夜空中最亮的恒星）的天文学家注意到这颗亮星附近有一颗微小的伴星。这颗伴星被称为天狼星 B，它绕天狼星运行，与天狼星距离极近。通过测量两颗星在轨道上的微小摆动，天文学家推断出天狼星 B 的质量大于太阳，但体积却小于地球。天狼星 B 是第一颗被探测到的白矮星，它至今仍然是天文学家所知的质量最大的白矮星之一。

 ### 谁第一个描述了白矮星的本质?

英国理论物理学家亚瑟·斯坦利·爱丁顿是他那个时代最杰出的天体物理学家。他是第一位提出恒星核心产生的巨大热量能够阻止恒星在其自身引力下坍缩的科学家。他开创性的著作《恒星的内部结构》推动了现代恒星演化理论研究的兴起。当其他天文学家还在对天狼星 B 的本质百思不得其解时，爱丁顿解释，天狼星 B 的物质处于一种称为"电子简并"的特殊状态，这种状态在地球上是不存在的。他的解释后来被证实是正确的。

谁第一个提出有些恒星不会以白矮星的形式结束它们的生命周期？

印度裔美国天体物理学家苏布拉马尼扬·钱德拉塞卡第一个提出了这个观点。1936年，钱德拉塞卡被聘请去芝加哥大学任教，同时在威斯康星州的叶凯士天文台开展研究工作。他在芝加哥度过了漫长而硕果累累的职业生涯，其间他在理论天体物理学方面取得了重大进展，包括研究恒星以及整个宇宙中的能量转移。他还担任过《天体物理学杂志》主编，任职时间覆盖了整整一代人。钱德拉塞卡最广为人知的成就或许是他发现了有的恒星可以超越白矮星阶段，演化为密度更大的物质状态。他被公认为那个时代最杰出的天体物理学家。

 钱德拉塞卡极限是什么？

1930年，钱德拉塞卡利用亚瑟·爱丁顿提出的理论和阿尔伯特·爱因斯坦的狭义相对论，计算出如果一颗恒星的质量超过一定限度，它将不会以白矮星的形式结束其生命周期——巨大的压力会让电子高速运动，无法提供向外的力，因此阻止恒星核心坍缩的电子简并压力将不起作用。1934—1935年，他做了进一步的计算，表明当恒星核心的质量是太阳质量的约1.4倍时，这颗恒星将超越白矮星阶段，坍缩为密度更大的天体。这一理论并未立即被天体物理学界所接受，但后来发现了蟹状星云脉冲星，该星体的体积远小于任何白矮星，密度则大于白矮星，证实了钱德拉塞卡的计算。为了纪念他，这一质量极限今天被称为钱德拉塞卡极限。

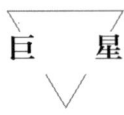

巨　　星

 红巨星是什么？

红巨星是一类恒星，中等质量和大质量恒星度过主序星阶段后就会变成红巨星。当像太阳这样的恒星变成红巨星时，恒星核心处的核聚变会突然释放出大量能量，将恒星内的等离子体向外推。当恒星重新达到平衡时，直径已经膨胀到约100倍。膨胀后的恒星大到外层的恒星物质数量已经大不如前，光球层的温度下降到红矮星的水平（约3 000开尔文）。太阳注定会在约50亿年后变成红巨星，到了那个时候，它将吞噬水星和金星，并摧毁地球。

 蓝巨星是什么?

　　蓝巨星正如其名,是一种又大又蓝的恒星。蓝巨星通常是处于主序星阶段的大质量恒星。蓝巨星的寿命仅有约100万年,最终会死于巨大的超新星爆发。它们的亮度是太阳的100万倍。

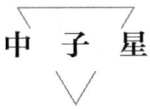

中　子　星

 中子星是什么?

　　中子星是超新星爆发后残留下的坍缩的恒星核心。可以说,它是物质抵抗引力的最后一道防线。天体中的中子相互挤压,从而支撑起天体的内部,使它不至于被挤压成奇点,这种状态被称为中子简并。中子简并态与原子核内的状态非常相似,是已知的宇宙中密度最大的物质形态。

 中子星的密度有多大?

　　中子星的密度与中子本身差不多。它的质量大于太阳,但其直径却只有大约10千米;这意味着中子星的密度是水的1万亿倍。一勺中子星物质重达约50亿吨!一枚硬币大小的中子星物质所含的质量超过了地球上所有人类的总和。如果一块中子星物质掉到地球上,它会像地球不存在一样轻而易举地穿透我们的星球,从另一侧出来,并在接下来的数十亿年里来回穿梭,把地球变成一个瑞士奶酪一样的球体。

 中子星周围的环境是什么样的?

　　中子星的重力并非常陡峭,因此中子星附近的时空效应显著:天体看起来发生了扭曲和错位,颜色也会因引力而发生红移。如果物质掉入了中子星,发生的情况与物质掉入黑洞非常相似;物质虽然不会永远消失,但它肯定会变得非常热,并释放X射线、紫外线和无线电波。如果中子星在旋转,那么可以产生一个比地球磁场强数十亿倍的磁场,从而产生极高的能量和辐射效应。

在这幅艺术家描绘的双星系统 4U 0614+091 的图中，白矮星的物质被脉冲星的重力井所吸引。

 ## 磁陀星是什么？

磁陀星是一种具有极强磁场的中子星，它们的物理性质非同寻常，令人着迷。这种中子星实际上是迄今为止发现的磁性最强的物体，其磁场强度是太阳磁场的数万亿倍，甚至更高。这些强磁场会在中子星上引发星震，从而导致大量 γ 射线被释放到太空中。

 ## 脉冲星是什么？

有时中子星会以极快的速度旋转，每秒可转数百周，由此会产生一个比地球磁场强数十亿倍的磁场。如果这个磁场与附近的带电物质相互作用，就会以辐射的形式向太空释放大量能量，被称为同步辐射。在这种情况下，中子星上最微小的凹凸不平都会导致辐射中出现明显的波动，即脉冲。中子星每旋转一周，就会发出一束脉冲。这样的天体被称为脉冲星。

谁第一个发现了脉冲星?

20 世纪 60 年代,剑桥大学的一名天文学研究生乔斯琳·苏珊·贝尔·伯内尔和她的导师安东尼·休伊什在研究中使用了一台大型射电望远镜。这台射电望远镜由看上去杂乱无章的天线组成,散布在十几万平方米的地里,用导线连接。它能够探测到微弱且瞬息万变的能量信号,并将它们记录在长卷纸上。1967 年,伯内尔注意到一些奇怪的信号:来自太空的特定位置会发射周期性的无线电波脉冲。她发现了 4 个脉冲源。这一发现非常奇特,因为在此之前发现的来自太空的无线电信号都是连续的。伯内尔和休伊什推测,这些"脉冲星"可能是快速旋转的白矮星或中子星。最后它们被证明是中子星。

 ## 蟹状星云脉冲星是什么样的?

在我们已发现的成千上万颗脉冲星中,最著名的可能是蟹状星云脉冲星。它位于蟹状星云的中心,是一个超新星遗迹,1054 年首次被人类发现。它每 33 毫秒产生 1 次脉冲。想象一下,一个质量与太阳相当的天体每秒旋转 30 多次,这可真是令人惊叹!

恒 星 辐 射

 ## X 射线星是什么?

顾名思义,X 射线星是指发射大量 X 射线的恒星。与大多数典型的恒星一样,太阳会发射 X 射线,相比于地球,X 射线辐射量是很大的。然而,太阳发出的 X 射线辐射量,占其总辐射量的比例是非常小的。X 射线星发射的 X 射线是可见光的数千倍。

X 射线星几乎都是双星系统或多星系统。系统中两个或以上恒星之间(其中一个通常是白矮星、中子星或黑洞等密度极大的天体)的相互作用是产生强烈 X 射线辐射的原因。天文学家通常把 X 射线星分为两个主要的大类:小质量 X 射线双星和大质量 X 射线双星。

 ## 小质量 X 射线双星和大质量 X 射线双星有什么区别?

顾名思义,小质量 X 射线双星包含一颗质量相对较小的恒星,一般是中等质量或更小的恒星,而大密度的天体是白矮星。相比之下,大质量 X 射线双星系统中通常有一颗或两颗大质量或超大质量恒星，而大密度的天体通常是中子星或黑洞。尽管这两种双星系统都会发射大量 X 射线辐射，但它们的 X 射线光谱特征却大不相同，因为恒星质量会影响系统中的物理条件。

人类发现的第一个 X 射线双星系统是哪个？

1962 年，一个被送入太空的 X 射线望远镜首次捕捉到了天文源发出的 X 射线。这些 X 射线似乎来自天蝎座的方向，但天文学家无法确定它们来自天蝎座方向的哪个具体位置。因此，这个天文源被命名为天蝎座 X-1（意为天蝎座方向的最强大的 X 射线源）。随着时间的推移，天文学家利用更好的技术和更仔细的观察，发现这些 X 射线来自一个 X 射线双星系统。

人类是如何利用 X 射线双星系统发现第一个被确认的恒星级黑洞的？

天鹅座方向最强大的 X 射线源被称为天鹅座 X-1。在发现这个 X 射线源后，天文学家使用了各种观测方法来研究这个神秘的天体。他们发现天鹅座 X-1 是一个大质量 X 射线双星系统，但无法观测到双星系统中的大密度天体。此外，对双星系统中另一颗恒星（它本身也是一颗令人印象深刻的大质量恒星）运动的测量显示，系统中大密度天体的质量远超过任何白矮星或中子星理论上可能达到的质量。最终，确凿的证据表明，天鹅座 X-1 中包含一个恒星级黑洞，其质量至少是太阳的 10 倍。

高偏振星是什么？

高偏振星是一种会发出高度极化的光的恒星。在太空中，当无数晶体尘埃颗粒在强磁场的作用下面向同一方向排列成一直线时，光就会极化。这些尘埃颗粒组成了一面巨大的镜子，以特定比例反射极化光。通过比较极化光与非极化光的数量和方向，可以确定恒星周围超强磁场的性质。结果证明，高偏振星是双星系统，通常是灾变变星或低质量 X 射线双星。产生高偏振星现象的磁场的强度是太阳磁场的数百万到数十亿倍。正是如此强大的磁场引起了双星系统中引人入胜的物理现象。

γ 射线暴是什么？

来自遥远太空的 γ 射线辐射有时会抵达地球，频率大约是每天 1 次。其中一些 γ

射线暴发生在银河系内，而其他的则发生在远而又远的星系中。有些 γ 射线暴甚至发生在 100 亿光年之外！

γ 射线是能量最高的电磁辐射，而恒星很少会发射大量 γ 射线。一些 γ 射线暴（特别是发生在银河系内的）似乎是由双星系统中的某种强烈爆炸引起的。通常，双星系统中有一个或两个密度和质量极大的恒星遗迹，如白矮星、中子星或黑洞。观测到的遥远星系中的 γ 射线暴可能是由中子星和黑洞的碰撞引起的。另外，当一颗巨大的恒星在快速旋转时爆炸成为超新星时，恒星的坍缩和旋转叠加起来，会向太空发射两束能量极高、密度极大的 γ 射线，辐射量比太阳在数百万年甚至数十亿年内产生的还要多。

双 星 系 统

 ## 双星是什么？

双星是一对在天空中极为接近的恒星，看起来彼此紧密相关。有些双星被称为视双星，它们看上去很近仅仅是因为我们从地球上观察的角度，实际上，它们在物理上没有任何关联。当两颗物理上相互关联的恒星构成一个双星系统时，这两颗恒星会围绕一个共同的重心相互绕转。

物理上相互关联的双星进一步分为不同类别。目视双星是一对通过肉眼和望远镜都能够清晰观察到的恒星。天体测量双星则是一对在视觉上无法区分的恒星，但其中一颗恒星的轨道摆动表明有另一颗恒星在绕其旋转。食双星的轨道平面几乎平行于我们的视线，因此两颗恒星会轮流被对方部分或完全遮挡。分光双星可以通过多普勒频移或其他光谱特征被探测到。

此外，还可能有三颗或四颗恒星围绕一个共同的重心相互绕转，这被称为多星系统。不过这种系统较为罕见，且难以长期保持稳定的轨道。

 ## 谁制作了第一本双星表？

生活在英国的德国天文学家威廉·赫歇尔制作了一本双星表，包括 848 对双星，证明了艾萨克·牛顿的理论：恒星之间存在引力作用。赫歇尔假设恒星最初在宇宙中随机分布，随着时间的推移，它们聚集成对成团。

双星和多星系统有多普遍？

在银河系中太阳所在的部分，至少有一半的恒星已经被证实是双星或多星系统的一部分。然而，实际上还不完全清楚双星或多星的比例有多高，这仍然是科学研究的一个前沿主题。当然，这个比例还是很高的，天文学家在研究恒星诞生和生命周期时必须将其作为一个重要因素来考虑。

天文学家们已经了解到，在双星系统周围存在稳定、成熟的行星系的可能性是很大的，因此，这幅艺术家描绘的日落景象可能比我们想象的要常见得多。

 ## 太阳有伴星吗？

尽管从未探测到太阳的伴星，但理论上存在这种可能性：一颗非常暗淡、非常遥远的恒星在太阳系外围以巨大的半径绕行太阳，类似于比邻星绕南门二 A 和 B 运行的方式。这个想法经常出现在科幻作品中。这颗微小的伴星被起了个昵称"尼弥西斯"，这是古希腊神话中复仇女神的名字，这一女神也被称为黑夜的女儿。一些人假设这颗伴星可能会偶尔改变遥远彗星的轨道，使其飞向太阳系中心并撞击地球。然而，这一想法并没有得到科学证据支持。

武仙 AM 型星是什么?

武仙 AM 型星就是高偏振星,是一种特殊的双星,具有极强磁场,以最早发现的此类天体武仙座 AM 命名。双星系统中的白矮星周围有极强的磁场,以至于将伴星主序星扭曲成蛋形,并使系统的轨道同步,使主序星始终以同一侧面向白矮星。武仙 AM 型星是一种高度活跃的变星。

 灾变变星是什么?

灾变变星是双星系统,其中一颗恒星的表面会周期性地发生大爆炸。大多数情况下,灾变变星由一颗白矮星和一颗主序星组成。来自体积更大、密度更小的主序星的物质流向白矮星的表面。当积聚的物质达到临界质量时,就会引发巨大的热核爆炸。但恒星并没有被摧毁。在这次大爆炸之后,会再次进入吸积和爆炸的周期,有时在几小时后,有时在几个世纪后。

有一种特别的灾变变星被称为经典新星。不要把它与超新星弄混了,超新星爆发是一种摧毁恒星的爆炸。尽管经典新星没有超新星那么大,但它们的能量也非常惊人。

脉 动 变 星

 造父变星是什么?

造父变星与灾变变星不同,它们是单星。造父变星由于内部的物理变化而发生脉动,随着体积的膨胀和收缩,亮度也相应发生变化。造父变星在天文学研究中发挥了关键作用,因为它们的脉动产生了一种周期-光度关系,这使得它们可以被用作测定距离的标准烛光。

 天琴 RR 型变星是什么?

天琴 RR 型变星,和造父变星一样,也因其内部的物理变化而发生脉动。它也有一种周期-光度关系,因此也可以被用作标准烛光。事实上,天琴 RR 型变星被用作标准烛光要早于造父变星;它们帮助天文学家测量围绕银河系中心运行的星团的距离，来确定银河系的大小。作为标准烛光，天琴 RR 型变星没有造父变星那么有名，主要是因为它们比造父变星稍暗一些，在大距离上（星系间）不太好用。然而，它们具有独特的价值，因为它们的年龄远大于造父变星，所以可以用作较老恒星群体的标准烛光。

 ## 为什么天琴 RR 型变星和造父变星会发生脉动？

天琴 RR 型变星和造父变星会发生脉动，是因为它们的光度和温度恰到好处，让它们的内部正好处于稍微有些失衡的状态。这些恒星会稍稍膨胀并变得更亮，但此时它们内部的核聚变活动会减慢，导致它们慢慢收缩并冷却。然后，当它们收缩到某个临界点时，会爆发出一阵强烈的核聚变活动，立刻使恒星再次膨胀。对天琴 RR 型变星来说，每个从亮到暗再到亮的周期需要数小时到数天，而对于造父变星来说，则需要数周到数月。

星　　团

 ## 星团是什么？

恒星经常成群分布，这些恒星的群体被称为星团。星团与星座的不同之处在于，星团中的恒星在物理上有真实的关联，而星座仅仅是看起来有联系。最著名的星团类型是球状星团和疏散星团。

 ## 星团是如何形成的？

根据当前的理论和观测，星团几乎都是由一个非常大的气体云演变而来的。星团中的所有恒星都是在一个很短的时间段内（从几千年到几百万年不等）形成的。疏散星团是相对年轻的结构，通常在几亿年，最多几十亿年后，会由于恒星的随机运动而消散。相比之下，球状星团更为紧密，寿命可以达到几百亿年之久。

 ## 有哪些著名的星团？

下表列出了一些著名的星团。

表8　著名的星团

名　　称	星表编号	类　　型
杜鹃座47	NGC 104	球状星团
鬼星团	M44或NGC 2632	疏散星团
圣诞树星团	NGC 2264	疏散星团
武仙大星团	M13或NGC 6205	球状星团
毕星团	C41或Mel 25	疏散星团
宝盒星团	NGC 4755	疏散星团
猎犬座球状星团	M3或NGC 5272	球状星团
半人马ω球状星团	NGC 5139	球状星团
昴星团	M45	疏散星团
猎户四边形星团	—	疏散星团

 疏散星团是什么?

疏散星团较为常见,它们形成得很快,而且比球状星团小得多。一个疏散星团通常包含几十到几百颗恒星,这些恒星不会形成特定的形状。它们看起来更不规则、更疏散。

 有多少个疏散星团?

在我们的银河系中,已经发现了1 000多个疏散星团。银河系内可能还有许多被尘埃气体云遮挡而看不见的疏散星团。

 有哪些著名的疏散星团?

南半球的宝盒星团是一个特别美丽的疏散星团,它包含了闪烁着不同颜色的恒星,看起来就像装满了宝石。北半球的毕星团也很有名。大约在毕星团的东方,在金牛座的方向上,有一个可能是夜空中最著名的疏散星团——昴星团。

 昴星团是什么?

昴星团是一个距离地球大约400光年的疏散星团。它包括几十颗恒星,其中最亮的六颗恒星(昴宿一、昴宿二、昴宿四、昴宿五、昴宿六、昴宿七)可以用肉眼轻

昂星团。

易看到。这些恒星"镶嵌"在一个小而明亮的反射星云中，所以这个疏散星团很容易被观测到。夜空中的昴星团实在吸引人，许多古代文明的传说和神话中都有它的身影。

 ### 昴星团背后有哪些有趣的传说？

在希腊神话中，昴星团是普勒俄涅和泰坦巨神阿特拉斯（因背叛诸神而被罚用双肩扛天）的七个女儿，统称为普勒阿得斯。一个故事中，她们被猎人俄里翁追求，宙斯帮助她们逃脱。他先将她们变成鸽子，飞离了俄里翁；然后将她们升到天空，化作了星星。如今西方文化中称昴星团为七姊妹星。

而在地球的另一端，澳大利亚原住民中也有一个关于昴星团的传说：七颗星星被想象成七个女人，被一个名叫库卢的男子追捕。两个统称为瓦提-库贾拉的蜥蜴人，前来营救这些女人。他们向库卢投掷回旋镖，杀死了他。库卢脸上的血流干了，身体变白，升上天空变成了月亮；瓦提-库贾拉变成了双子座；而那些妇女则变成了昴星团。

有人认为有关昴星团的传说是人类最古老的故事之一，因为世界各地都有昴星团是七个人变化而成的传说，有些不同文明的传说还出奇相似。根据天文学研究，10万年前昴宿七和昴宿增十二还是两颗可以分别辨认的恒星，那时的昴星团确实有七颗肉眼可见的星，后来两颗星的视距离逐渐缩短到无法区分。

 ### 古人是如何利用昴星团来确定季节和日历的？

在许多古代文明中，昴星团与确定四季更替紧密相关。这是因为在地球的北半球，昴星团会在春天的黎明时分和秋天的日落时分出现在天空。这使得它成为播种和收获季节的象征。

古代墨西哥的阿兹特克人的日历以52年为一轮回。每当一个日历周期结束时，祭司要观察昴星团的运行路线。昴星团一如既往升上中天，祭司才能确定世界不会毁灭，新的轮回即将开启。当天的午夜时分，阿兹特克人会举行一个隆重的庆祝仪式。

 ### 球状星团是什么？

球状星团中，恒星的分布近似球形，这种星团的直径通常从几十光年到几百光年不等。一个球状星团包含数千到数百万颗恒星，恒星相对紧密地聚集在一起。恒星通过它们之间的引力而聚集，在星团中心处最为集中。在至少有一个球状星团（围绕仙女星系运行的 G1 星团）的中心存在黑洞。

 ### 有多少个球状星团？

每个大型星系中都有球状星团系统。在银河系中，有 150 ～ 200 个球状星团。而在离我们最近的大型星系仙女星系中，这一数字大约是银河系的 2 倍。在某些大型椭圆星系中，已经探测到数千个球状星团。

 ### 球状星团能有多古老？

目前的天文证据表明，某些球状星团可能是宇宙历史上最早形成的恒星集合。通过研究球状星团的颜色–星等图，天文学家得出结论，一些球状星团至少有 120 亿年的历史，这与迄今观测到的最遥远的星系一样古老。

 ### 有哪些著名的球状星团？

在北半球，使用望远镜可以很容易地看到武仙大星团。在南半球，黑暗的夜晚中，人们可以轻易用肉眼看到杜鹃座 47 和半人马 ω 这两个明显的球状星团。

M80 是一个球状星团，距离地球 2.8 万光年，包含几十万颗恒星。

 ### 大型星团和小型星系有什么区别？

天文学家们多年来一直在试图回答这个问题。例如，半人马 ω 和杜鹃座 47 都包含几百万颗恒星，而许多矮星系拥有的恒星数也差不多，因此在给这种规模的恒星集合分类时，并不能完全清楚地界定哪些是星团，哪些是星系。星团和星系在直径或暗物质含量方面可能存在差异，果真如此的话，天文学家将最终找到这两种天体之间明确的区别。

太　阳

 与其他恒星相比，太阳有多亮?

太阳的视星等是一个绝对值很大的负数。在可见光下，太阳的视星等为−26.7，因为它离我们很近，所以它的视星等是所有天体中最小的。而在可见光下，太阳的绝对星等为4.8。这个数字在大多数恒星的绝对星等中排名中游。

 太阳已经发光了多少年?

太阳已经发光了46亿年。这是通过各种科学研究得出的结论。最有说服力的证据来自陨星。科学家使用各种测定年代的方法，已经证明一些陨星是在太阳刚刚发光时形成的。它们的年龄被测定为46亿年，因此估计太阳的年龄也有这么大。

 太阳还将发光多少年?

根据对恒星原理的科学理解，太阳核心区域内的核聚变大约还会持续50亿～60亿年。

 太阳是由什么组成的?

就质量而言，太阳由71%的氢、27%的氦和2%的其他元素组成。就原子数量而言，组成太阳的原子中，91%是氢原子，9%是氦原子，而不到0.1%是其他元素的原子。宇宙中大多数恒星的化学成分都与太阳类似。

 太阳的质量有多大?

太阳的质量约为2×10^{30}千克。质量最大的超巨星约为太阳的100倍，而质量最小的褐矮星约为太阳的1/100。

 太阳的温度有多高?

太阳中心的温度约为1 500万开尔文，这是利用质子-质子链将氢转化为氦的恒星的典型温度。太阳表面的温度约为5 800开尔文。恒星的表面温度通常在3 000至30 000开尔文之间。

与其他恒星相比，太阳是一颗特殊的恒星吗？

事实证明，在宇宙中，太阳是一颗相当普通的恒星。在整个宇宙中，像太阳这样的恒星有数十亿颗。这对天文学家来说是个好消息，因为这意味着我们可以将太阳当成一个现成的实验室来尝试理解恒星的一般性质。由于太阳距离地球只有 1.5 亿千米，非常明亮，因此我们可以详细地研究太阳。

太 阳 自 转

 太阳会自转吗？

太阳确实在自转，它绕自己的轴线自西向东旋转，这与行星围绕太阳公转的方向相同。太阳不是固体，而是带电的气体球，所以自转的速度会根据纬度的不同而有所变化。太阳在赤道附近自转一周大约需要 25 天，而在北极和南极附近则需要大约 35 天。这种不同部分自转速度不同的现象被称为较差自转。

 太阳自转会带来什么结果？

太阳自转产生了强大的电流，进而产生了磁场。由于太阳的较差自转，其内部蕴含着巨大能量，这导致太阳内部的磁场线弯曲、扭曲、打结，甚至断裂，于是出现了太阳黑子、日珥、耀斑和日冕物质抛射等现象。

 其他恒星也会自转吗？

所有恒星多多少少都会自转。太阳自转一周需要几个星期的时间，而一些恒星几天就能完成一次完整的自转。恒星遗迹，如白矮星和中子星，自转速度甚至更快——一些中子星每秒自转数百次。

太阳的结构

 太阳的结构是什么样的?

太阳的中心有一个核心,叫作日核;日核之外是辐射区;辐射区之外是对流层;太阳的表面是一层薄薄的光球层,而光球层之外还有色球层和日冕层。太阳的直径约为 1.4×10^6 千米,大约是地球直径的109 倍。

太阳的实体球和大气层分成不同层次,是因为太阳的物理条件(主要是温度和压强)随着距离太阳中心的远近而变化。例如,日核处的温度超过 1 500 万开尔文,对流层的内侧略低于 100 万开尔文,光球层的温度则约为 5 800 开尔文。

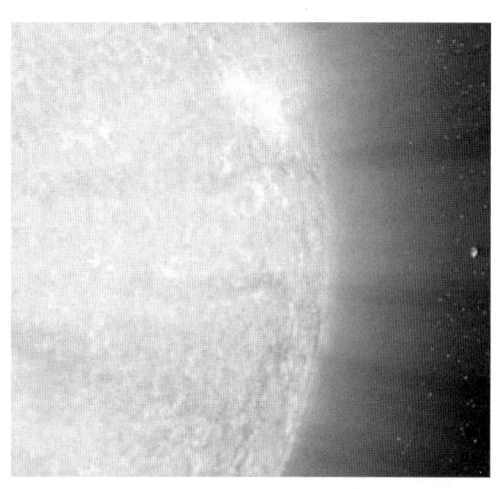

太阳是距离地球最近的恒星,约 1.5 亿千米。它的直径则比地球大 100 多倍。

 太阳的辐射区中会发生什么?

太阳核心区域核聚变产生的能量以辐射的形式向外传播,光子穿过太阳的等离子体。尽管光子以光速传播,但太阳的等离子体密度极大,导致光子不断与粒子碰撞并被反弹,它们的行动模式不可预测,被称为随机游走。反弹极为剧烈,以至于太阳光平均需要100 万年的时间才能穿越 400 万千米的辐射区。在真空中,光可以在不到 2 秒的时间内穿越这段距离。

 太阳的对流层中会发生什么?

对流层始于太阳表面以下约 15 万千米处。由于对流层内的温度足够低(低于 100 万开尔文),等离子体中的原子便能够吸收从太阳辐射区向外传播的光子。因此,等离子体变得非常热,开始向外扩散。等离子体的运动产生了对流,就像地球大气层和海洋中的

对流一样。沸腾的热气流将太阳的能量带到光球层。

对流是这样产生的：对流层底部的气体吸收能量，于是温度升高，体积膨胀，密度比周围气体更小。密度变小的炽热气体开始向对流层的顶部飘去，就像在寒冷的早晨升空的热气球一样。在对流层的顶部，它们辐射能量，于是温度降低，密度变大，然后下沉。效果是热气不断上升，冷气不断下降，像传送带一样循环往复。

 太阳的光球层中会发生什么？

光球层是太阳大气层的一部分，我们在可见光下看到的太阳表面就是它。光球层有几百千米厚，由被称为米粒组织的斑点状结构组成，米粒组织其实是炽热的气体，和行星差不多大。米粒组织不断运动，将热量和光从太阳内部传递到外部，其体积和形状也在不断变化。光球层内也会出现黑子，即强磁场区域，持续时间从数小时到数星期不等。

 太阳的色球层是什么样的？

色球层是介于光球层和日冕层之间的太阳大气层，薄而透明。它是一种高能量的等离子体，常常会爆发耀斑（明亮炽热的气体喷流）。色球层在可见光下是不可见的，要使用紫外线或 X 射线望远镜观测。

色球层厚约 2 000 千米。它有一些不可思议的物理性质。例如，尽管从色球层内边缘到外边缘，离太阳核心的距离在增大，气体密度逐渐减小，但气体的温度却急剧上升——大约从 4 000 摄氏度上升到 10 万摄氏度。在色球层的外边缘，它分解成被称为针状物的狭窄气体喷流，并融入日冕层。

 谁发现了太阳的色球层？

多米尼克-弗朗索瓦-让·阿拉戈是 19 世纪上半叶法国领衔的天文学家。阿拉戈在天文学方面的成就之一是发现了太阳的色球层。他还开创性地解释了恒星的闪烁现象。他还帮助他的助手之一于尔班·让·约瑟夫·勒威耶发现了海王星。此外，阿拉戈对电磁学和光学做出了重要贡献。

 太阳的日冕层是什么样的？

日冕层非常稀薄但极为庞大。这一气体层从太阳的色球层外边缘开始向外延伸，厚度可达几个太阳半径。它比太阳的其他部分暗淡得多，只有在太阳被遮挡时才能看到——人们要观察日冕层，要么得通过一种叫作日冕仪的科学仪器，要么得在日全食期间。

尽管日冕层比地球上最好的实验室的真空条件还要稀薄，而且距离太阳核心如此遥远，但它却非常活跃且炽热，其等离子体的温度高达数百万摄氏度。天文学家们仍在努力探究日冕层为何如此炽热。

 其他恒星是否也有像核心、辐射区、对流层、光球层、色球层和日冕层这样的层次？

是的，但根据恒星的温度、质量和年龄，这些层次的厚度比例会有所不同。炽热而年轻的恒星甚至可能完全由辐射区构成，没有对流层；温度非常低的恒星则可能完全由对流层构成，没有辐射区。取决于恒星周围磁场的强度，恒星冕也可能千差万别。

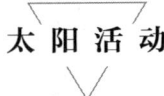

太 阳 活 动

太阳黑子是什么？

用可见光观测时，太阳黑子看起来像是太阳上的暗斑。大多数太阳黑子包括两个物理结构：本影，即一个较小较暗、毫无特点的核心；半影，即一个较大较亮的周围区域，内部有像自行车辐条一样向外延伸的细丝。太阳黑子大小不一，且往往聚集成团。许多太阳黑子的体积远远超过我们地球。

太阳黑子是强大无比的磁场的所在地。尽管它们在可见光下看起来十分平静，但用紫外线和 X 射线拍摄的照片清楚地显示它们产生并释放巨大能量，强大的磁场渗透并包围着它们。

为什么太阳黑子看起来很暗？

太阳黑子的温度略低于其周围的光球层气体（大约低 1 100 摄氏度），因此在明亮背景的衬托下，太阳黑子看起来很暗。不过，不要被外表欺骗了：太阳黑子的温度仍然高达几千摄氏度，通过太阳黑子的电磁能量极大。

日珥是什么？

日珥是从太阳表面（光球层）向外喷射到日冕层的高密度气体喷流。它们可以高达10万多千米，可以维持数天、数周甚至数月才分解。

 ## 耀斑是什么？

耀斑是太阳表面突然发生的强烈爆炸。在强大的太阳黑子被太阳中炽热、旋转的等离子体扭曲和旋转时，磁场线突然断裂，之前包含的物质和能量从太阳内部向外冲出，于是出现耀斑。耀斑可以绵延数千千米，所蕴含的能量远远超过地球上所有人类在所有时期消耗的总能量。

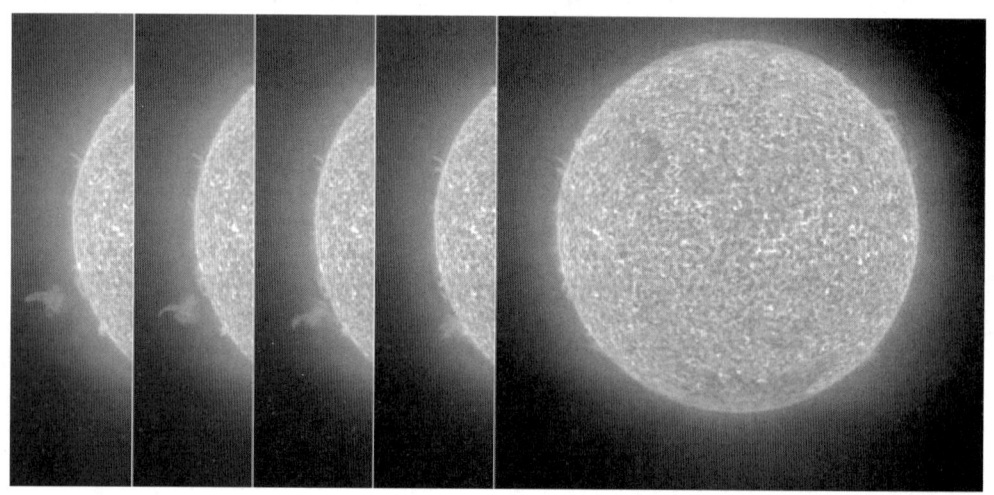

上图是美国国家航空航天局的太阳和日球层观测台拍摄的照片，一个长达十几千米的耀斑正在喷发。

 ## 日冕物质抛射是什么？

日冕物质抛射是太阳表面发生巨大爆炸时，向外层空间抛射出一大团物质（通常是高能等离子体）。日冕物质抛射与耀斑有关，但这两个现象并不总是同时发生。当抛射的物质到达地球附近时，荷电粒子引起的电磁突然增加可能会破坏人造卫星。

太阳风是什么?

太阳风是从太阳出发向外流动的荷电粒子流。除了像耀斑这样的猛烈喷发外,荷电粒子还会从日冕中平稳地流向整个太阳系。和地球上的风一样,太阳风的速度和强度会变化;不过,它是流动的等离子体,而不是空气。

 ## 我们怎么观察太阳风对太阳系的影响?

太阳风有一个很容易观察到的效果:彗尾。当彗星进入内太阳系时,温度的升高会使它失去一小部分外层,这部分从固体升华成气体。松散的物质会被吹离,形成彗星的尾巴。电中性粒子被太阳的辐射压力(即阳光的动量)推回,而荷电粒子则被太阳风推回。有时,这两个部分会稍微分开,我们可以看到尘埃组成的"尾巴"和离子组成的"尾巴"。

 ## 太阳风的速度有多快?

太阳发出的等离子体向四面八方连续流动,速度通常达到数百千米／秒,不过,它从日冕洞中喷涌出时的速度也可以达到 1 000 千米／秒以上。随着太阳风远离太阳,它的速度会加快,密度会迅速变小。

 ## 太阳风可以达到多远的地方?

太阳的日冕延伸出太阳表面数百万千米。与之相比,太阳风的等离子体竟然延伸了超过 100 亿千米,甚至远远超出了冥王星的轨道。等离子体的密度持续下降。在日球层顶的极限处,太阳风的影响几乎消失殆尽。日球层顶距离太阳约 120 个天文单位,日球层顶以内的区域被称为日球层。

 ## 太阳活动对地球上的生命有什么影响?

当太阳风到达地球轨道时,其密度已经下降到每立方厘米只有几个到几十个粒子。即便如此,如果没有磁层的保护,太阳风也足以在地球数十亿年的历史中对生命造成巨大的辐射伤害。

当太阳活动特别剧烈时,比如在耀斑活跃期间,荷电粒子流会显著增加。在这种情况下，这些离子会撞击高层大气的分子，使其发光；这些奇异的闪光被称为极光。在此期间，地球的磁场会暂时变弱，导致大气层膨胀，这会影响地球高轨道上卫星的运动。在太阳流量极大的时期，电网也会受到影响。

☀ 所有恒星都有像黑子、日珥、耀斑、物质喷射和太阳风这样的活动吗？

是的，所有恒星都在不同程度上具有这些活动。与我们所知的大多数恒星相比，太阳在风暴方面的表现相对平静。这对地球上的生物来说是个好消息，因为生物通常无法承受强烈扰动。有些恒星不断爆发出巨大的耀斑，有些恒星的表面布满黑子。围绕这些恒星运行的行星，其电磁环境一定无法支持我们所知的生命在其上生存。

第 **5** 章
太 阳 系

行 星 系

 **行星系是什么？**

　　行星系是一个由恒星附近的天体组成的系统，包括行星、小行星、彗星和行星际尘埃等。从更广义的层面来看，行星系还包括恒星本身、恒星磁场、恒星风，以及电离边界和激波阵面等物理效应。

 **我们所在的行星系叫什么？**

　　太阳是我们所在的行星系的引力中心，所以我们称这一行星系为太阳系。

 **太阳系是如何形成的？**

　　太阳系的形成可能基本遵循星云假说，18 世纪皮埃尔-西蒙·拉普拉斯提出这一假说，此后该假说被不断更新。

　　大约 46 亿年前，一团巨大的气体尘埃云由于引力不稳定而坍缩，形成了太阳。太阳诞生时，并非所有因引力而聚集的星云都进入了太阳，其中一些气体和尘埃沉降到围绕太阳旋转的物质盘中。当这些物质在原行星盘中旋转时，微粒之间的无数次碰撞导致一些微粒粘在一起，形成更大的天体。数百万年后，形成一种叫星子的天体，星子拥有足够的质量，从而产生引力，开始吸引盘中的其他物质。这些星子越变越大，成为原行星；原行星继续变大，最终形成了行星。尽管太阳风已经带走了许多剩余的原始的气体和尘

这幅画中，一颗恒星被物质盘包围，这些物质最后会结合在一起，形成围绕这颗恒星运转的行星。

埃，但今天仍然存在许多较小的天体以及一些气体和尘埃，让 46 亿多年后的我们欣赏到丰富多彩的天文现象。

🪐 星云假说的科学起源是什么？

1755 年左右，德国哲学家伊曼努尔·康德提出了最初的星云假说，后来由法国数学家和科学家皮埃尔-西蒙·拉普拉斯进一步完善。这一想法中关于太阳形成的部分非常接近目前的理论，但在行星形成的方式上有所不同。拉普拉斯认为，太阳形成了一个旋转的星云，当星云向太阳收缩时，它会释放出气体环。环中的物质随后通过碰撞和引力凝聚成行星。1796 年，拉普拉斯在著作《宇宙体系论》中发表了这一星云假说。尽管某些细节并不正确，但它对于天体起源的探索有开创性的意义。

星子是什么?

星子是形成于太阳系早期的天体,其直径为 1 ～ 100 千米。和许多科学术语一样,星子没有准确的定义。泛泛而论,星子指在原行星盘中因碰撞而形成的天体,已经可以通过引力聚集更多的物质。

 原行星是什么?

原行星是形成于太阳系早期的天体,其直径为 100 ～ 10 000 千米。和"星子"这一术语以及许多其他科学术语一样,原行星没有准确的定义。泛泛而论,原行星位于原行星盘中,它们足够大,能够通过引力吸引其他较小的天体来增加自己体积和质量。

 太阳系外存在星子和原行星吗?

既然太阳系外已确认存在超过 200 颗围绕其他恒星公转的行星,那么太阳系外也很可能存在星子和原行星。毫无疑问,这样的天体会存在于其他恒星周围的原行星盘中。绘架座 β 周围的气体尘埃盘是一个典型的例子。通过红外望远镜的观测,人们进一步发现了其他数十颗被密集的尘埃气体盘所包围的恒星。这些正是最可能形成星子和原行星的地方。

 太阳系有哪些主要区域?

科学家通常将太阳系划分为 5 个主要区域:带内行星(类地行星)区、小行星带、带外行星(气态巨行星)区、柯伊伯带和奥尔特云。然而,这些区域并没有明确的边界,它们的大小也没有被准确地界定。从某种意义上说,这些区域之间存在重叠,因为来自一个区域的天体经常会出现在另一个区域中。

 太阳系有多大?

太阳到最远的行星——海王星的轨道,距离大约 45 亿千米。在海王星轨道外侧是柯伊伯带,这是一个由小型冰质天体组成的巨环,延伸到大约 80 亿千米之外。再往外是奥尔特云,这是一个巨大的球形云团,推测它包含了数万亿颗彗星。奥尔特云可能延伸到距离太阳 1 光年远的地方。

行星的基础知识

 行星是什么？

几个世纪以来，人们一直尝试给"行星"下一个准确的定义，但迄今为止行星仍然没有普遍公认的科学定义。一般来说，行星指非恒星的天体，即其核心没有发生核聚变；它在恒星周围的轨道上运行；由于其自身的引力作用，它大体上呈球状。

 太阳系的行星有哪些一般特征？

根据目前的科学分类系统，太阳系中的所有行星都必须满足 3 个基本条件：

1. 行星必须处于流体静力平衡状态，即向内的引力和支撑结构的向外推力之间处于平衡状态。处于这种平衡状态的物体几乎都非常接近球形。

2. 行星的主要轨道必须围绕太阳。这意味着像月球、土卫六或木卫三这样的天体，尽管由它们处于流体静力平衡状态而接近球形，但它们的主要轨道围绕行星，因此它们不是行星。

3. 行星必须清除其轨道路径上的其他较小天体，而且在其轨道邻近区域必须是最大的天体。这意味着冥王星不是行星，尽管它符合其他 2 个条件：在冥王星的轨道路径上有数千个冥族小天体，而且冥王星穿过海王星的轨道——海王星是一个体积和质量更大的天体。

太阳系中满足这 3 个条件的 8 个天体是海王星、天王星、土星、木星、火星、地球、金星和水星。

 由谁来决定某个天体是不是行星？

大约 2 个世纪以来，国际天文学联合会一直是全球天文学官方标准的制定机构。宇宙中天体（例如小行星、彗星或行星）的名称都要提交给国际天文学联合会，由该机构批准或否决。国际天文学联合会成立了一个特别委员会，以决定如何对我们太阳系中的行星进行分类，因为科学界已经达成共识，冥王星和其他柯伊伯带天体必须以科学上有效、合理的方式进行分类。

目前官方的行星分类系统是什么样的？

2006 年 8 月 24 日，国际天文学联合会大会批准了当前的太阳系行星分类系统。该

目前公认的太阳系八大行星（从左上方开始）是：水星、金星、地球（旁边是月球）、火星、木星、土星、天王星和海王星。

系统对行星资格增加了一个具体的要求：它必须清除其轨道路径上和邻近区域的所有其他显著天体（通常是通过碰撞或引力作用）。该系统还创建了一个新的称谓，即"矮行星"，矮行星除了无法满足上述要求外符合所有行星标准。就像之前的所有分类一样，这一系统既有优点也有缺点；但无论如何，它都为所有人提供了一个起点，去了解行星是什么。

根据当前的分类系统，太阳系中有 8 颗行星——水星、金星、地球、火星、木星、土星、天王星和海王星，以及多颗矮行星，包括冥王星、冥卫一、谷神星、阅神星和夸奥尔。

之前的行星分类系统是什么样的？

之前的分类系统是基于历史知识和天体大小来划分的。今天太阳系中的八大行星加上冥王星，都是科学家所熟知的且公认体积庞大的天体——至少都比月球大。其他已知的以太阳为主要轨道的中心，但直径小于冥王星的天体，被称为小行星。因此，在 2006 年 8 月 24 日以前，国际天文学联合会一直将冥王星列为第九颗行星。

在将冥王星除名之前有过重新分类行星的情况吗？

有，而且未来某一天肯定还会再次发生。在古代欧洲，"行星"指的是与固定的恒星相对的自由穿越天空的天体，包括太阳、月亮、水星、金星、火星、木星和土星。随着时间的推移，18 世纪末发现了天王星，而太阳和月亮被剔除出行星的行列。19 世纪，十几个绕太阳运行的小型天体被归类为行星，但随后它们被重新界定为小行星，只有海王星没有被重新分类，仍然保持行星的地位。冥王星被除名只是在漫长历史中最新的一次重新分类。

有哪些针对行星的非官方分类？

太阳系中的行星可以被分为类地行星、气态巨行星、大行星、小行星、带内行星、带外行星，以及冰质行星等。但不要忘记，现在我们已经发现了超过 200 颗太阳系外的行星，因此又出现了新的类别，如系外行星、热类木星和流浪行星等。

太阳系行星的质量、运行周期和位置是什么情况？

下表列出了太阳系行星的基本信息。

表9　太阳系行星

名　称	质量与地球质量的比值[1]	直径与地球直径的比值[2]	与太阳的距离（天文单位）[3]	运行周期（年）
水星	0.055 3	0.383	0.387	0.241
金星	0.815	0.949	0.723	0.615
地球	1	1	1	1
火星	0.107	0.532	1.52	1.88
木星	317.8	11.21	5.20	11.9
土星	95.2	9.45	9.58	29.4
天王星	14.5	4.01	19.20	83.7
海王星	17.1	3.88	30.05	163.7

 行星环是什么？

　　行星环是由大量小型天体组成的系统，这些小型天体的尺寸从沙粒到房屋大小不等，它们组成连贯的环形，围绕一个行星运行。太阳系中最壮观的行星环围绕土星运行，宽度超过 28 万千米，厚度却只有几十米。

类 地 行 星

 内太阳系包括哪些行星？

　　内太阳系的行星有水星、金星、地球和火星。

 带内行星区是什么？

　　带内行星区是太阳系的一部分，包含水星、金星、地球和火星这 4 颗行星。这 4 个天体被称为类地行星，因为它们的结构相似（所以与地球相似）：有一个金属地核，外面

---

[1]　1 个地球质量等于 5.98×10^{24} 千克。

[2]　1 个地球直径等于 12 576 千米。

[3]　1 天文单位等于太阳与地球的距离，约 1.5×10^{8} 千米。

包着岩石地幔和薄地壳。此外，带内行星区中还有 3 颗天然卫星：地球的月球，以及火星的 2 颗卫星——火卫一和火卫二。

水　星

 水星有哪些物理性质？

水星的直径略大于地球直径的 1/3，其质量仅为地球的 5.5%。水星与太阳的平均距离约为 5 800 万千米，由于距离太近了，其轨道相当倾斜并被拉伸成一个长长的椭圆形。水星绕太阳公转一周仅需 88 个地球日，但水星的 1 天（即绕其极轴旋转一周所需的时间）约为 59 个地球日。

水星表面布满深坑，深坑之间分布着平原和险峻的悬崖。这颗行星上绝对不可能存在液态水。水星表面最显著的特征是一个名为卡路里盆地的古老的陨星坑，其大小约为新英格兰地区的 5 倍——对于这么小的行星来说，这个坑真的很大！水星的大气层非常稀薄，主要由钠、钾、氦和氢组成。在其面向太阳的一侧（白昼侧），温度高达 430 摄氏度；而其背对太阳的一侧（黑夜侧），热量穿过几乎可以忽略不计的大气层逃逸，温度骤降至-170 摄氏度。

这是 1974 年"水手 10 号"探测器拍摄到的水星图像。

 从地球上能容易地看到水星吗？

由于水星离太阳很近，太阳的强光使得人们从地球上观测水星变得相对困难。只有在水星刚好位于地平线上时（即日出前和日落后大约 1 小时的时间里）才有可能看到它。即使可以看见水星，当时的天空也往往很亮，很难将水星与背景天空区分开来。

 水星的历史是什么样的？

天文学家认为，水星和月球一样，最初是由液态岩石构成的。随着行星冷却，岩石逐渐凝固。在冷却阶段，一些陨星撞击行星，形成了陨星坑；另一些陨星能够穿透地壳。撞击导致熔岩流向地表，覆盖较老的陨星坑，形成了平原。

金　星

 金星有哪些物理性质？

金星在很多方面与地球相似。金星是距离地球最近的行星，其大小和成分与地球差不多。然而，其表面特征却与地球大相径庭。金星上的 1 年相当于地球上的 225 天，而地球上的 1 年是 365 天。金星的自转方向与地球相反，所以在金星上，太阳从西方升起，从东方落下。此外，金星上的 1 天长达 243 个地球日，甚至比金星上的 1 年还要长。

金星的表面条件也与地球截然不同。它的大气层比地球大气层厚近 100 倍，主要由二氧化碳组成，还含有一些氮气和微量的水蒸气、酸和重金属。金星的云层中夹杂着有毒的二氧化硫。金星表面温度高达 500 摄氏度，有趣的是，水星离太阳近得多，但金星的温度却更高。这些恶劣的条件是金星上持续至今的失控温室效应所导致的。

 温室效应是什么？

温室效应出现在有大气的行星上。由于温室效应，行星表面温度比在没有大气的情况下更高。

太阳光的可见光部分透过透明的玻璃墙、玻璃门和玻璃屋顶进入温室，随后照射到温室内的物体上并转化为热量。热量试图以不可见的红外辐射的形式逃逸，但受到玻璃的阻挡。热量在温室内积聚，导致温室内的温度远高于室外空气的温度。当温室效应发生在行星上时，该行星大气层中的气体会阻挡红外辐射离开行星表面，这时，大气层就相当于温室的玻璃。二氧化碳和水蒸气是常见的温室气体，能够非常有效地吸收热量，因此，行星的大气层如果包含大量这些气体，那么行星的温度会比其他情况下更高。

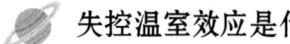 失控温室效应是什么？

金星上的温室效应"失控"了。困在金星大气层的热量导致地表温度变得非常高，于是岩石外壳开始释放二氧化碳等温室气体。大气层因此变得更厚，截留更多热量，从而使温度进一步升高，进而释放更多温室气体。等金星最终达到热平衡后，就变成了我们今天所见的炼狱模样。

金星的表面是什么样的？

金星似乎有一个布满火山的岩石表面，其中一些火山可能仍在活动。金星表面到处都可以发现火山特征的地貌，如熔岩平原、像干涸的河道一样的沟壑、山脉。金星上还有许多中大型陨星坑，但不存在小型陨星坑，这可能是因为小型陨星无法穿透金星厚密的大气层撞击到金星表面。金星表面有一个特别有趣的大范围结构，被称为蛛网地形。这种地质结构呈圆形，直径 50 ～ 220 千米，其中布满了同心圆和向外延伸的"辐条"。

"麦哲伦号"金星探测器绘制的金星地图显示，从地质学的角度来看，金星表面相对较新。似乎在不久前，熔岩从某个地方喷发，覆盖了整个星球，使其焕然一新。支持这一假说的一个证据是，存在一些陨星坑和其他地质构造，它们没有风化磨损，因此应该较为年轻。此外，对于金星这样大小的行星来说，其陨星坑数量少得出奇——事实上，通过小型望远镜观察月球的一部分所看到的陨星坑，就能超过金星整个表面的陨星坑数量。

从地球上看，金星是什么样的？

因为金星比地球更靠近太阳，所以它永远不会在深夜出现在天空中。取决于季节，金星要么在刚天黑时要么在日出前不久出现在天空中。因此古人将金星称为"晚星"或"晨星"。

由于金星距离地球较近，以及其大气层的反射率较高，金星在天空中看起来异常明亮美丽。最亮时的金星是天空中第三亮的天体，仅次于太阳和月亮。和月亮一样，只要知道方向，在白天也经常能看到金星。难怪古罗马人用爱与美的女神"维纳斯"之名命名金星。

通过小型望远镜，我们可以看到金星像月亮一样经历相位变化。这是因为从地球上的观察点来看，我们只能看到金星在这一时刻被阳光照亮的部分。然而，与月亮不同的是，金星的蛾眉相位通常比满相看起来更亮。最亮时，夜空中的金星是最有可能被误认为飞机或不明飞行物的天体。

火　星

 ### 火星为什么是红色的？

从地球上的某些位置观测，火星呈红色。古希腊和古罗马人从红色的火星联想到血液，因此将火星视为战神。如今，我们知道这种红色是因为火星表面岩石中含有高浓度的氧化铁，即铁锈。

火星有哪些物理性质？

火星是太阳系中离太阳第四近的行星。直径约为地球的一半。公转周期约为 687 个地球日，这意味着火星的 1 个季节大约是地球上季节的 2 倍长。然而，火星上的 1 天与地球上的 1 天非常接近——实际上只多了大约 20 分钟。

火星的大气层非常稀薄，密度仅为地球大气层的约 7‰。大气层主要由二氧化碳组成，含有极少量的氧气、氮气和其他气体。火星夏季最热的时候，赤道附近的温度可以接近−18 摄氏度；冬季最冷的时候，两极附近的温度会降至−85 摄氏度，甚至更低。

火星表面的地质特征十分迷人。它被各种各样的山脉、陨星坑、沟壑、峡谷、高地、低地，甚至两极的冰冠所覆盖。科学证据表明，数十亿年前，火星比现在温暖得多，是一颗充满活力的星球。

谁发现了火星的极冠？

意大利天文学家吉安·多梅尼科·卡西尼有许多重大发现，包括土星环中的一个缺口（今天被称为卡西尼环缝）。他仔细地观测了火星，发现了火星北极和南极的浅色区域。这些极冠呈现出季节性变化，在火星冬季时扩大，在夏季时缩小。

 火星的极冠是由什么组成的？

目前的研究表明，火星的极冠主要由固态二氧化碳（即干冰）组成。极冠中可能还嵌入了一些固态水（即冰）。由于火星表面的大气条件，当温度升高时，无论是冰还是干冰都不会熔化成水或液态二氧化碳；它们会升华，即直接变成气体。因此，与地球不同，火星上的极冠不是液态水的来源。

 火星上有哪些有趣的地质特征？

火星的地质极为多样：巨大的陨星坑、广阔的平原、高耸的山脉、深邃的峡谷等等，这些地貌的名字也多姿多彩。太阳系中最高的山是火星上的死火山奥林匹斯山，高出火星表面 22 千米。水手号峡谷群绵延 4 000 千米，横跨火星北半球，深度是美国大峡谷的 3 倍；如果把水手号峡谷群放在地球上，它会从亚利桑那州一直延伸到纽约州。火星南半球的一个显著特征是希腊盆地，这是一个古老的峡谷，可能很久以前充满熔岩，现在则是一块尘埃覆盖的广阔明亮的区域。

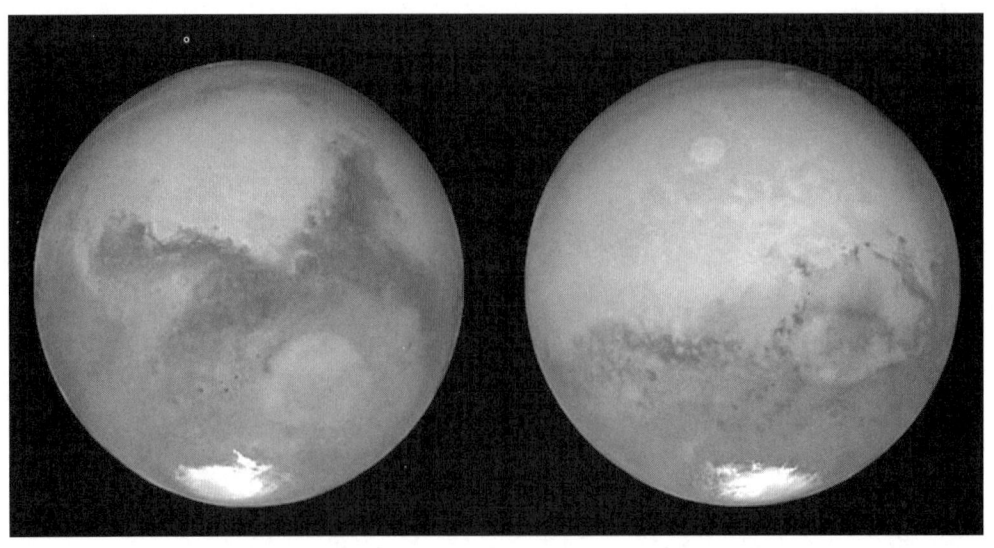

这是 2003 年拍摄的照片。图中展示了火星的两面。右边的照片中，位于火星北半球的奥林匹斯山清晰可见。同时，还能看到火星的南极冠。

🪐 历史上，火星的地质是如何演变的？

几乎可以肯定的是，数十亿年前的火星比现在温暖得多。可能和今天的地球一样，火星的表面流淌着河流和小溪。火星上可能曾有大片的冲积平原、三角洲、湖泊，甚至还可能有过海洋。火星地壳下的内部热量驱动了火山活动和岩浆流动。此外，由于火星表面的重力大约是地球的 1/3，火山锥和其他山都明显高于地球上的山；峡谷则可能切割得更深，因为山体崩塌和河流侵蚀的影响不会那么大。

🪐 我们怎么知道火星上曾经有液态水？

轨道数据显示了一些明显源于流动液体的特征：河床、支流结构和延伸至低海拔地区的三角洲等。图像显示，在一些陡峭的陨星坑的边缘，有水冲破地壳流出然后凝固或蒸发一样的痕迹。

2005 年，又有新的证据表明，火星表面之下可能存在一片广阔的冰冻海洋。科学家利用火星轨道飞行器的多普勒测绘技术（类似于地球轨道上的气象卫星所使用的技术，但经过一些调整，用于地下探测），发现一片冰体，覆盖的面积比美国的纽约州、新泽西州、宾夕法尼亚州、俄亥俄州和印第安纳州加在一起还要大。

🪐 从火星表面收集的哪些证据可以证明火星上曾经存在液态水？

火星探测车"勇气号"和"机遇号"是地质探测机器人，已经探索了火星的多个区域。它们发现了许多矿物，还发现了一种昵称为"蓝莓"的微观矿物结构，这些都只有在存在水的情况下才会形成。火星岩石中的同位素比例也只可能形成于有液态水的环境中。据此，科学家得出强有力的结论：目前火星表面是干涸的，但并非一直如此。甚至可能在数十亿年前，火星上遍布着液态水。

🪐 火星陨星 ALH84001 的背后有什么故事？

ALH84001 于 1984 年由南极陨石搜寻计划的成员罗伯塔·斯科尔在南极洲的艾伦丘陵（Allan Hills）发现，因此得名。很多陨星都被认为是数百万年前的火星表面碎片，ALH84001 是最著名的一块。这些陨星很可能在一次强大的彗星或小行星撞击中被撞离火星表面，随后进入太空，并最终降落到地球上。

科学家利用各种科学证据来确定陨星的来源。这些证据包括陨星的结晶年龄、化学和物理成分、宇宙线对它产生的影响，以及很久以前被困在陨星微小裂缝和气泡中的气体成分及其浓度。根据这些证据，可以确定 ALH84001 源于火星。

气态巨行星

 气态巨行星是什么？

称之为"巨"，是因为它们比类地行星大得多。称之为"气态"，是因为它们的大气层极厚，气体构成了行星的主要部分。

 太阳系中的哪些行星属于气态巨行星？

木星、土星、天王星和海王星都是气态巨行星。

这是"旅行者2号"拍摄的气态巨行星照片，从左至右分别是海王星、天王星、土星和木星。

气态巨行星区是什么?

气态巨行星区是太阳系中大致位于木星轨道和冥王星轨道之间的部分。它包括距离太阳较远的气态巨行星木星、土星、天王星和海王星。每一颗气态巨行星都拥有众多卫星,以及行星环。

木　星

 木星有哪些物理性质?

木星是太阳系中最大的行星。它的质量大约是太阳系中所有其他行星、卫星和小行星总质量的 2 倍。木星的 1 天只有 10 小时,不到地球的一半。木星是离太阳第五近的行星,其体积大约是地球的 1 300 倍,质量大约是地球的 320 倍。

木星 90% 以上的质量由旋转的气体构成,主要是氢气和氦气。在厚密到不可思议的大气层中,肆虐着巨大的风暴。其中最大的风暴是大红斑,即使只用小型望远镜也常常能观测到。

木星有一个岩石地核,构成物质与地球的地壳和地幔相似。这个地核可能有我们整个地球那么大,温度可能高达 1 万摄氏度,压强相当于地球大气压的 200 万倍。在地核周围,很可能存在一层厚厚的压缩氢,在如此极端的条件下,氢可能像金属一样,从而产生木星强大的磁场——其强度甚至是太阳磁场的 5 倍。

围绕木星旋转的卫星至少有 30 颗。其中许多卫星的直径只有几千米,可能是被捕获的小行星。然而,其中 4 颗(木卫一、木卫二、木卫三和木卫四)的大小与月球相当,甚至更大。

 我们对木星的大红斑有什么了解?

大红斑其实是一场巨大的风暴,上下跨度超过 1.2 万千米,长度达 2.5 万千米。地球和金星可以被轻而易举地并排放入大红斑内部!维持这场风暴的能量显然是木星大气层深处上升的炽热气体,这些气体产生的风以 400 千米 / 小时的风速环绕大红斑逆时针行进。

▍ 从这张"旅行者1号"拍摄的照片中，我们可以清楚地看到木星大红斑。

大红斑的红色可能来源于硫或磷，但这一点尚未得到证实。大红斑下方有三个白色的椭圆形区域，每个都是大约火星大小的风暴。木星上有成千上万场巨大而强烈的风暴，其中许多可以持续很长时间。大红斑已经持续了至少400年，至今仍是木星上观测到的最大、最明显的风暴。首位研究大红斑的科学家是伽利略。

🪐 木星的大气层还有哪些其他特征？

1995年从"伽利略号"木星探测器上发射的小型探测器详细地测量了木星大气层，深入到了云层顶部以下约150千米的地方。探测结果表明，木星厚密的大气层的上层含有水、氨、氢、碳、硫和氖，但这些物质的浓度都比之前预测的要低，而氪气、氙气等气体的浓度则比预测的高。

探测器没有探测到某些物质，这同样让科学家感到惊讶。与之前的预测不同，探测器并没有发现由氨、硫化氢和水组成的浓密云层，而只探测到了稀薄的云层。此外，科学家们原本预测木星上有大量闪电现象，但探测器仅在 1 000 多千米外的地方检测到了微弱的闪电迹象。这表明，在木星大气层中，闪电的发生频率仅为地球上的 1/10 左右。

值得注意的是，小型探测器获取的这些令人惊讶的结果仅来自木星大气层的一个区域。那里的大气条件可能并不具有代表性。

木星是如何形成的？

木星是典型的气态巨行星，因此气态巨行星通常被称为类木行星。人们认为木星的形成过程与所有其他气态巨行星大致相同。许多细节仍不确定，大体上科学家认为木星是在太阳形成后不久就诞生了。形成太阳的星云沉降为一个旋转的尘埃气体盘，在数百万年的时间内小颗粒聚集在一起，最终形成了星子，星子又聚集在一起形成了木星的地核。然后，地核吸引其轨道路径内和周围的气体，这些气体聚集成木星庞大的大气层。

谁是第一个测量木星大小的人？

1733 年，英国天文学家詹姆斯·布拉得雷成功地测量出木星的直径。这一结果震惊了当时的科学界。

木星有磁场吗？

答案是肯定的。木星的磁场强度大约是太阳磁场的 5 倍。木星的磁层如此之大，如果我们能用肉眼看到它，它会占据大部分的夜空——比满月大得多。此外，和地球一样，木星周围也有大量被捕获的高能荷电粒子，木星磁场中自然形成的磁力线限制住这些粒子，形成木星的"范艾伦带"。

木星有行星环吗？

是的，木星有几个非常暗淡的行星环。它们和土星庞大而美丽的行星环根本不能比，但是通过像哈勃空间望远镜这样的仪器仔细观察，人们还是可以探测到它们。

怎样利用木星测量光速？

意大利天文学家吉安·多梅尼科·卡西尼在担任博洛尼亚大学天文学教授期间，长时间追踪木星卫星的轨道，并发表了一份观测结果表。其他天文学家使用卡西尼的数据时注意到，当地球和木星的距离达到最大值时，这些卫星在木星前面经过的时间似乎比卡西尼的表中的时间要长。科学家们意识到，卡西尼的数据是正确的，上述差异是卫星的光在更大距离上传播所需的时间更长所导致的。1676 年，奥劳斯·罗默利用这一想法和卡西尼的数据计算光速。他得出的结果是地球轨道速度的 9 300 倍，这与现代的测量值非常接近。

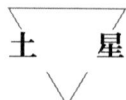

土　星

🪐 土星有哪些物理性质？

土星与木星相似，但质量约为木星的 1/3。尽管如此，它的质量仍然是地球的 95 倍左右。土星的平均密度比水还小。土星上的 1 天只有 10 小时 39 分钟；它自转的速度如此之快，使其赤道直径比两极直径大 10%。

土星有一个固体地核，很可能由岩石和冰构成，据估计其质量是地球的几倍。一层液态金属氢覆盖着地核，在这之上是一层液态的氢和氦。这些分层传导着强大的电流，进而产生强大的磁场。

土星有数十颗卫星，其中最大的是土卫六，它比月球还要大，拥有浓厚不透明的大气层。土星最壮观的部分是其宏伟的行星环系统，半径约 30 万千米。

🪐 土星的大气层是什么样的？

土星的云层看上去呈朦胧的黄色，主要由结晶氨组成。猛烈的东风把云层吹成带状分布，在赤道处的风速超过 1 800 千米 / 小时，而极地的风速则慢得多。和木星一样，土星上也经常出现强大的风暴。大约每 30 年就会形成一场白色的风暴，被称为大白斑（每次的大白斑并不相同），可以持续长达 1 个月的时间。大白斑像聚光灯一样照亮土星的表面，然后消散，拉伸成一条围绕行星的厚厚的白色条纹。人们认为，土星夏末大气变暖，导致大气深处的氨气上升到云层顶部，随后被土星的强大风力席卷，所以会定期出现风暴。

土星环是什么样的？

土星环系统分为 3 个主要部分：明亮的 A 环和 B 环以及较暗的 C 环（还有许多更暗的环）。A 环和 B 环被一个巨大的缝隙分隔开，这个缝隙被称为卡西尼环缝，以吉安·多梅尼科·卡西尼的名字命名。在 A 环内部，还有一个被称为恩克环缝的缝隙，以约翰·恩克的名字命名，他在 1837 年首次发现了这个缝隙。虽然这些缝隙看起来空无一物，但它们实际上充满微小的粒子，卡西尼环缝还包含数十个微小的细环。

尽管土星环的宽度超过 28 万千米，但平均厚度却只有几十米，所以它有时会从我们的视线中消失——当土星的轨道位置使得我们只能看到土星环的侧面时，土星环看起来就像一条细线，几乎不可见。

 ## 谁发现了土星环？

伽利略首次观测到了土星环，但他无法确定那是什么。他认为这些环看起来像把手或耳朵。他将自己的发现告知了欧洲的其他科学家，其中一位是荷兰科学家克里斯蒂安·惠更斯。惠更斯使用自己改良的望远镜发现，这些"把手"看起来像土星两侧的卫星，实际上是巨环的一部分。之后很长一段时间里，惠更斯继续研究土星，展示了土星倾斜角度的变化如何导致环外观的变化。他预测，在 1671 年夏天，土星环将倾斜到一个特定角度，从地球上看起来它变成一条细线，因此将消失在我们的视线中。他的预测得到了证实，这证明了他的土星环理论是正确的。

 ## 土星环是如何形成的？

我们仍然不确定土星环是如何形成的。一种观点是，土星环曾经是比较大的卫星，因为碰撞或受到土星引力的潮汐作用而被摧毁，变成碎片。然后，这些卫星碎片进入了土星周围的轨道。

 ## 牧羊犬卫星与土星环有什么关系？

"卡西尼号"土星探测器收集的数据证实了一个长期存在的假设，该假设解释了土星环为何能排列得如此完美并有序旋转如此之久。几颗小型卫星以合适的速度和距离绕土星运行，为更小的土星环粒子创造了引力稳定的区域。这些牧羊犬卫星与土星环一起运

虽然太阳系的其他行星也有行星环，但正如这张"旅行者2号"拍摄的照片所示，土星环毫无疑问是最令人叹为观止的。

行，使环中的粒子平稳移动，使环保持结构稳定。根据计算机模拟计算和理论计算，这种状态可以持续 1 亿年以上。

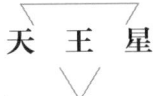

天 王 星

 ## 天王星有哪些物理性质？

天王星是太阳系中的第七颗行星，也是四颗气态巨行星中的第三颗。它的直径为 5.1 万千米，略小于地球直径的 4 倍。与其他气态巨行星一样，天王星主要由气体组成。它的大气层由 83% 的氢、15% 的氦以及少量的甲烷和其他气体组成。天王星呈现浅蓝绿色，因为大气中的甲烷吸收红光并反射蓝光、绿光。其大气层深处，人们认为是一片由冰、氨和甲烷组成的泥浆状的混合物，围绕着天王星的岩石地核。

天王星在近圆轨道上绕太阳运行，每 84 个地球年公转一周。其自转方式与其他行星相比极为奇特。它几乎像保龄球沿着球道滚动一样侧躺着自转，其极轴与轨道平面平行（其他行星的极轴基本垂直于轨道平面）。这意味着在半个公转周期内，天王星的一面始终面向太阳，另一面始终背对太阳。因此，天王星上的 1 天等于 42 个地球年！大多数天文学家认为，天王星在历史上的某个时刻被一个巨大的（至少是行星大小）天体撞击，导致其"侧翻"，从而形成了这种不寻常的运动方式。

已知天王星有 15 颗卫星和 11 个窄环。"旅行者 2 号"空间探测器在飞掠天王星期间，发现了天王星周围有一个巨大且形状奇特的磁场（可能因其独特的自转），以及云顶温度低至−210 摄氏度。

 ## 谁发现了天王星？

天文学家威廉·赫歇尔出生于德国，但一生大部分时间都在英国生活和工作，他自年轻时起便热衷于观星。1781 年，赫歇尔在进行恒星和行星的一般性观测时，在双子座的方向上观测到了一个盘状天体。起初，赫歇尔认为这个天体是一颗彗星。但随着时间的推移，他观察到它的轨道并不像普通的彗星那样呈长椭圆形，而是极接近圆形，类似于行星的轨道。他原本打算以英国国王乔治三世的名字将这颗新发现的行星命名为乔治，但这个名称并未被采纳。最终，天文学家同意将它命名为天王星（Uranus，乌拉诺斯），罗马神话中乌拉诺斯是农神萨图努斯（Saturnus，土星得名于此）之父。1787 年，赫歇尔还发现了天王星最大的两颗卫星。

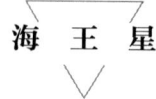 **天王星的行星环是什么样的?**

　　天王星的前 9 个环是在 1977 年发现的。1986 年"旅行者 2 号"飞掠天王星时，又发现了 2 个新的环。2005 年，哈勃空间望远镜侦测到 2 个未曾发现的天王星环，如今称为外环系统，天王星环的数量增加到 13 个。此外还有大量的行星环碎片。行星环和碎片都由小块的尘埃、岩石颗粒和冰组成。环的宽度在 1 到 17 000 千米之间。行星环碎片的存在表明这些环可能比天王星年轻得多，可能是由破碎的卫星碎片组成的。

　　ε 环是天王星最亮的环。这是一个特别有趣的环，它非常狭窄，由冰块组成。天王星的两颗小型卫星天卫六和天卫七是 ε 环的牧羊犬卫星。它们在 ε 环内绕天王星运行。可能正是因为它们的存在，才产生了强大的引力场，将冰块限制在环中。

海 王 星

 海王星有哪些物理性质?

　　海王星是太阳系中的第八颗行星，其质量是地球的 17 倍，直径约为地球的 4 倍。作为太阳系中四大气态巨行星中距离太阳最远的一颗，海王星绕太阳公转一周需要 165 个地球年。然而，海王星上的 1 天只有 16 小时。与天王星类似，海王星大气层顶的温度极低，达−210 摄氏度。

　　海王星呈蓝绿色，这与"海王"之名颇为相称 [海王星（Neptune）得名于罗马神话中的海神尼普顿]。然而，这种颜色并非来自水，而是由于海王星大气层中的气体将阳光反射回太空而产生的。海王星的大气层主要由氢气、氦气和甲烷组成。大气层以下，科学家认为有一层厚厚的电离水、氨和甲烷冰，更深处则是质量比地球大很多倍的岩石地核。

　　海王星距离我们如此遥远，1989 年以前，我们对它知之甚少。1989 年，"旅行者 2 号"飞掠海王星，获取了大量有关数据，从而揭开了这颗气态巨行星的神秘面纱。如今，我们知道海王星至少有 4 个行星环和 11 颗卫星。

海王星的发现过程有什么独特之处?

海王星是第一颗先通过数学计算预测其存在，随后才被观测到的行星。威廉·赫歇尔在 1781 年发现天王星后不久，天文学家们就测量到天王星轨道上有一个奇怪的异常，仿佛有一个比天王星更遥远、质量更大的天体时不时地吸引它。德国数学家卡尔·弗里德里希·高斯基于行星运动进行了计算，为发现另一颗更遥远的行星奠定了基础。1843 年，一位自学成才的天文学家约翰·库奇·亚当斯开始了一系列复杂的计算，1845 年，他精确地指出了这颗行星的位置。1846 年，法国天文学家奥本·让·约瑟夫·勒韦里耶也确定了这颗行星的位置。亚当斯和勒韦里耶的计算结果相符，尽管当时他们都对对方的研究成果一无所知。1846 年 9 月 23 日，德国柏林的乌拉尼亚天文台的约翰·伽勒和海因里希·达雷斯特根据勒韦里耶的计算发现了这颗行星，从而证实了这两位天文学家的计算。

 海王星的大气层是什么样的?

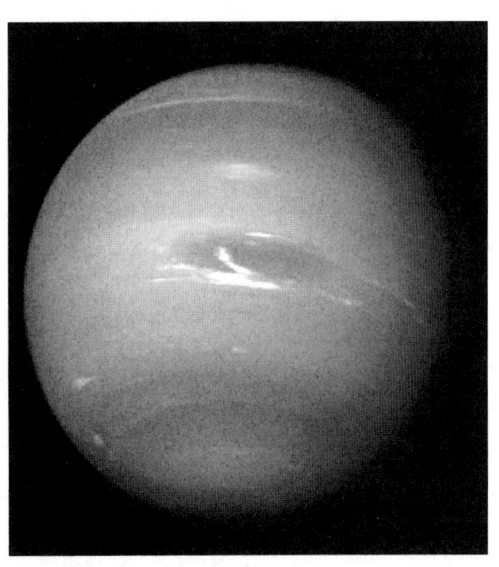

尽管海王星距离太阳很远，但它异常活跃，充满能量，与人们预期的极度寒冷的环境大相径庭。太阳系中最猛烈的风就在海王星上，风速高达 2 400 千米 / 小时。其表面的蓝色云层随风飘转，而其上层一缕缕的白云（可能由甲烷晶体组成）随行星旋转。在甲烷之下，有一层更暗的云，可能由硫化氢组成。"旅行者 2 号"飞掠海王星时收集到的数据显示，该行星上有 3 个显著的天气系统：大小与地球相当的大暗斑、大小与月球相当的小暗斑，以及一个名为"滑行船"的体积较小、快速移动的白色风暴，它看上去

海王星独特的蓝色是其大气层中氦、氢和甲烷所致。

在追逐海王星上的其他风暴。然而，1994 年，哈勃空间望远镜的观测显示，大暗斑已经消失。

海王星的行星环是什么样的?

"旅行者 2 号"于 1989 年飞掠海王星时,发现了 4 个非常暗淡的行星环,没有土星环甚至木星环和天王星环那么明显。海王星环主要由不同大小的尘埃颗粒组成。最外层的行星环中的颗粒主要集中在 3 个地方,这 3 个地方看上去相对明亮、弯曲。这与太阳系中任何其他行星环都不同,而且目前我们尚不知道为什么会出现这种情况。

天 然 卫 星

 天然卫星是什么?

天然卫星是围绕行星运行的自然天体。与行星一样,我们有时很难确切地定义卫星。许多卫星(如地球的月球)与它们所围绕的行星大约形成于同一时间,也有许多卫星可能曾是独立的天体,然后被捕获到行星的引力场中。

 太阳系中有哪些卫星?

下表列出了太阳系中体积较大的卫星。

表10　太阳系中体积较大的卫星

名称	所属行星	与行星间的距离 (千米)	直径(千米)	旋转周期(天)
月球	地球	384 000	3 476	27.32
火卫一	火星	9 270	22	0.32
火卫二	火星	23 460	12	1.26
木卫一	木星	421 600	3 629	1.77
木卫二	木星	670 900	3 126	3.55
木卫三	木星	1 070 000	5 276	7.16
木卫四	木星	1 883 000	4 800	16.69
木卫五	木星	181 300	262	0.50

名称	所属行星	与行星间的距离（千米）	直径（千米）	旋转周期（天）
土卫一	土星	185 520	398	0.94
土卫二	土星	238 020	498	1.37
土卫三	土星	294 660	1 060	1.89
土卫四	土星	377 400	1 120	2.74
土卫五	土星	527 040	1 528	4.52
土卫六	土星	1 221 850	5 150	15.95
土卫七	土星	1 481 000	360	21.28
土卫八	土星	3 561 300	1 436	79.32
天卫一	天王星	191 240	1 160	2.52
天卫二	天王星	265 970	1 190	4.14
天卫三	天王星	435 840	1 580	8.71
天卫四	天王星	582 600	1 526	13.46
天卫五	天王星	129 780	472	1.41
海卫一	海王星	354 800	2 705	5.88
海卫二	海王星	5 513 400	340	360.16
海卫八	海王星	117 600	420	1.12

火星的卫星

🪐 火星有多少颗卫星？

火星有2颗卫星——火卫一和火卫二。它们是1877年美国天文学家阿萨夫·霍尔发现的。

🪐 火卫一和火卫二是什么样的？

火卫一和火卫二都是形状不规则的岩石天体。它们看起来很像小行星。火卫一的直径约为22千米，而火卫二的直径只有火卫一的一半左右。

火卫一和火卫二是如何成为火星的卫星的?

火卫一和火卫二的外观与小行星非常相似。另外，火星非常接近小行星带。这两点都表明火卫一和火卫二曾经是靠近火星的小行星。轨道条件正好让火星利用自身引力捕获它们，使它们进入围绕火星的稳定轨道。

木 星 的 卫 星

 木星的卫星有哪些特点?

目前已经发现了几十颗木星的卫星，大多数直径只有几千米，可能是被捕获的小行

伽利略首先发现了木星最大的四颗卫星，所以它们被称为伽利略卫星。图中分别是木卫一、木卫二、木卫三和木卫四。

星。木星有四颗与众不同的卫星，它们被称为伽利略卫星，因为伽利略在 1609 年首次发现了它们。人们利用"伽利略号"木星探测器近距离观察了这四颗不同凡响的卫星，发现了它们异常复杂的世界。

木星是如何影响其卫星的物理环境的？

木星的巨大引力导致伽利略卫星上产生潮汐加热现象。潮汐力交替拉伸和压缩这些卫星的核心，就像你反复挤压手中的橡胶球一样。过了一段时间，橡胶球会因变形而温度升高；在行星尺度上，木星引力对伽利略卫星的核心也会造成此类效应。

木星对其卫星产生的另一个重要影响来自这颗行星的强大磁场。木星自转速度极快，质量极大，因此它产生的磁场吞没了附近的卫星，使它们沐浴在荷电粒子中。与此同时，木卫一表面的强大火山将大量小颗粒喷射到太空中，其中许多被卷入木星的磁层，形成了一个由火山颗粒组成的围绕木星的圆环，这个结构被恰如其分地称为木卫一等离子环面。

木卫一是什么样的？

木卫一是伽利略卫星中离木星最近的一颗。木卫一受到木星和其他卫星的引力，强大的潮汐加热使它成为太阳系中地质活动最活跃的天体。"旅行者号"空间探测器首次探测到木卫一上巨大的火山将熔岩和灰烬喷向太空，其表面每隔几十年就会被新鲜的熔岩重新覆盖一遍。

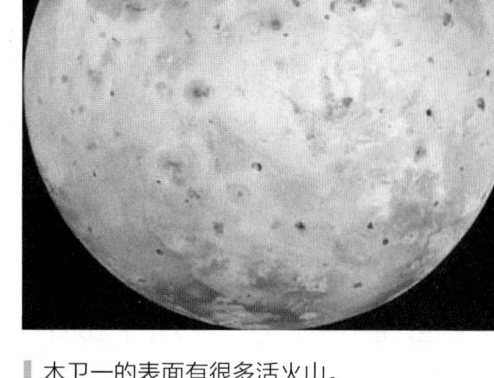

木卫一的表面有很多活火山。

木卫二是什么样的？

木卫二是伽利略卫星中离木星第二近的。其表面覆盖着冰。"伽利略号"木星探测器的研究表明，冰的移动方式与地球极地海洋中的密集冰块非常相似。

木卫三是什么样的？

木卫三是太阳系中最大的卫星，其直径约为月球的 1.5 倍。它有一个非常稀薄的大气层，并且拥有自己的磁场。"伽利略号"木星探测器的测量显示，氢气正从木卫三表面逃逸。而使用哈勃空间望远镜进行的测量则显示，木卫三厚厚的冰壳表面存在过量的氧。科学家认为，氢和氧可能来自木卫三表面冻结的冰，水分子被太阳的辐射分解成氢原子和氧原子。所有观测结果都表明，木卫三与木卫一一样，地下可能也有一个广阔的海洋。

 ## 木卫四是什么样的？

木卫四是伽利略卫星中离木星最远的一颗。其表面布满古老的陨星坑，可能是太阳系中所有固态天体中地质年龄最大的表面。还有证据表明，木卫四周围可能存在磁场，虽然不如木卫二和木卫三的磁场强大。这可能是由于其表面之下存在一个含盐的液态海洋。

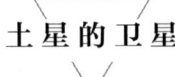

土星的卫星

 ## 土星的卫星有哪些特点？

土星和木星一样，也有数十颗卫星。同样，和木星一样，土星的卫星许多都很小，很可能是被土星引力场捕获的小行星。较大的卫星具有一些迷人的特征。土卫一很久以前遭受了一次巨大的陨星撞击，它的形状几乎与电影中虚构的"死星"一模一样。最近发现土卫二的表面会喷出泉水，这表明其内核深处存在液态水。土卫六是土星最复杂的卫星，也许是整个太阳系中最复杂的卫星。

 ## 土卫六是什么样的？

土卫六是克里斯蒂安·惠更斯于1655年左右发现的。经过几个世纪的不断研究，天文学家发现这颗土星最大的卫星是太阳系中唯一拥有高度发育的大气层的卫星，其大气层甚至比地球的大气层还要稠密。土卫六的大气层似乎主要由氮和甲烷等成分组成。"旅行者1号"和望远镜的观测结果表明，土卫六表面的湖泊和海洋中可能蕴藏着液态氮或甲烷，其云层可能会产生降雨和其他天气模式。然而，土卫六浓密不透明的大气层让我们无法对它进行任何详细的观察。

"卡西尼号"土星探测器于 2005 年 1 月将"惠更斯号"着陆器送入土卫六的大气层。尽管土卫六的温度极低（−179 摄氏度），但上面却有高山、岩滩、河流、湖泊，甚至海洋和海岸线等地形特征。土卫六表面充满液态物质，但这些并非液态水。在那种温度下，水已经冻得像花岗岩一样坚硬。这些液体很可能是甲烷。

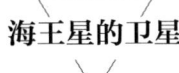

天王星的卫星

 天王星的卫星有哪些特点？

天王星的卫星是由冰和岩石构成的小型天体，直径大约从 25 千米到 1 600 千米不等。其中最大的两颗卫星——天卫四和天卫三，是威廉·赫歇尔发现的；接下去两颗较大的卫星——天卫二和天卫一，则是威廉·拉塞尔在 1851 年发现的。直到 1948 年，杰拉德·柯伊伯才发现了天王星的第五颗卫星天卫五。"旅行者 2 号"于 1986 年 1—2 月飞掠天王星，并发现了至少 10 颗新的卫星，所有这些卫星的直径都小于 150 千米。

与土星和木星较大的卫星类似，这五颗较大的卫星有不同的地质特征，包括陨星坑、悬崖和峡谷。例如，天卫四的表面古老且布满陨星坑，这表明那里的地质活动很少，所以陨星坑仍然保持着它们最初形成时的样子，没有被熔岩填充。而天卫三则布满了巨大的峡谷和断层，这表明其地壳随着时间的推移发生了显著的位移。

海王星的卫星

 海王星有哪几颗主要的卫星？

海卫一是海王星最大的卫星，它在海王星被发现后不久就被发现了。直到 1949 年才发现了第二颗海王星的卫星——海卫二，它是由荷兰裔美国天文学家杰拉德·柯伊伯发现的。"旅行者 2 号"在 1989 年飞掠海王星期间，发现了另外 5 颗卫星，直径从 60 多千米到 400 多千米不等。自那以后还在源源不断地发现海王星的卫星，它们都非常小。

海卫一有什么独特之处?

海卫一非常有趣,它是太阳系中已知最冷的地方之一,温度低至-235摄氏度,但它的地质活动却十分活跃。它蕴藏着火山活动,有几座火山喷发的不是灰烬,而是高达10千米的固态氮的晶体,会临时在海卫一上空形成云雾。科学家认为,海卫一的表面曾一度被火山喷发出的氨和冰混合的"熔岩"覆盖,这些"熔岩"现在凝固成了山脊和山谷。

此外,海卫一还是太阳系中唯一一颗公转方向与行星相反的主要卫星。海卫一大约每6天绕海王星公转一周。海卫一有可能曾经是一颗像冥王星那样的大型类彗天体,后来被海王星的引力场捕获。

冥王星的卫星

 冥王星的卫星是什么样的?

冥王星最大的卫星是冥卫一,直径有1 000多千米。冥王星和冥卫一彼此潮汐锁定,在公转过程中始终以同一面面向对方。2005年发现了另外两颗卫星,并于2006年确认了它们的存在,直径都只有几十千米。

柯 伊 伯 带

 柯伊伯带是什么?

柯伊伯带(也称为埃奇沃斯-柯伊伯带)是一个环形区域,起点距离太阳约50亿千米,延伸至120亿千米处(其内缘大约在海王星的轨道上,而外缘距离大约是海王星轨道直径的2倍)。

 柯伊伯带天体是什么?

柯伊伯带天体,顾名思义,是指起源于柯伊伯带或在位于柯伊伯带的轨道上运行的天体。在 60 多年的时间里，人们只知道一个柯伊伯带天体：冥王星。1992 年以后，人们发现了不计其数的柯伊伯带天体。目前估计，柯伊伯带天体的数量超过 100 万个，甚至可能有几十亿个。

本质上来说，柯伊伯带天体是没有彗尾的彗星：它们是数十亿年来聚集在一起的"雪泥球"。如果它们变得足够大（比如冥王星），它们就会像其他大质量行星状天体一样演化，形成高密度的地核，其上覆盖物理构成完全不同的地幔和地壳。科学家认为，大多数短周期彗星（绕日运行周期不到 200 年的彗星）起源于柯伊伯带。

🪐 冥族小天体是什么？

冥族小天体是一类柯伊伯带天体，它们比冥王星小，有许多与冥王星相似的物理性质，绕太阳运行的方式也很像冥王星。冥族小天体的发现使人们认识到柯伊伯带天体数量众多。冥王星本身也是一个柯伊伯带天体。

🪐 冥王星有哪些物理性质？

和其他柯伊伯带天体一样，矮行星冥王星距离我们非常遥远且体积很小，因此在许多方面仍然充满神秘感。不过，我们对它也不是完全一无所知。

冥王星的直径约为 2 400 千米，不到地球直径的 1/5，也小于太阳系中最大的七颗卫星。冥王星主要由冰和岩石构成，表面温度介于−210 和−230 摄氏度之间。我们观察到的冥王星上的明亮区域很可能是固态氮、甲烷和二氧化碳组成的，暗斑则可能含有甲烷化学分解后产生的烃类化合物。

冥王星的 1 天大约相当于地球上的 6 天，而它的 1 年则长达 248 个地球年。与类地行星和气态巨行星相比，冥王星的绕日轨道是一个离心率非常大的椭圆形。在其 248 个地球年的公转周期中，有 20 年的时间它比海王星更接近太阳（这一现象上一次发生在1979—1999 年）。当冥王星靠近太阳时，它稀薄的大气层处于气态，主要由氮气、一氧化碳和甲烷组成。它大部分时间都处在极其遥远的轨道上，此时的冥王星并没有稳定的大气层，因为所有气体都冻结并下落到冥王星表面。

冥王星没有环，但已知有 3 颗卫星（是的，矮行星甚至小行星都可以有卫星）。其中最大的卫星是冥卫一，其体积足够大，可以被看作独立的矮行星。

为什么人们会开始寻找冥王星？

　　1846 年海王星被发现后，天文学家在测量其轨道时发现了一个奇怪的异常。几十年前，正是因为发现了天王星轨道的异常，才致使海王星被发现。于是，人们推测海王星之外还有一个天体，影响了海王星的轨道。20 世纪最初的 10 年里，美国天文学家珀西瓦尔·洛厄尔使用美国亚利桑那州弗拉格斯塔夫附近的天文台，寻找一颗可能导致这种轨道异常的神秘的"X 行星"。不幸的是，他并没有亲眼见证冥王星的发现。然而，1894 年他在弗拉格斯塔夫创建的洛厄尔天文台至今仍存，并为天文学研究和教育做出了重大贡献。

 谁发现了冥王星？

　　美国天文学家克莱德·汤博谦逊地称自己为"没有受过大学教育的农场男孩、业余天文学家"。他在洛厄尔天文台工作时，开始搜索疑似"X 行星"的天体。汤博的任务是拍摄这颗行星可能存在的天空区域。1930 年，汤博因发现冥王星这一重大成就而成为名人，并因此获得了大学奖学金。之后，他继续从事天文学事业，并取得了杰出的成就。

 克莱德·汤博是如何发现冥王星的？

　　汤博的任务是通过拍摄天空的一个选定区域来寻找第九颗行星。他每次拍摄一小片区域，并试图探测到任何在地球轨道之外移动的天体。他使用的主要工具是一种叫作闪视比较仪的机器，这种机器被用来比对同一片天空的两张照片，以便观察是否有天体相对于背景发生了移动。

　　汤博在这个项目上工作了 10 个月，直到 1930 年 2 月 18 日，他的努力终于得到了回报。他发现了一个小型的移动天体。通过与同一区域的第三张照片进行比较，他排除该天体是彗星或小行星的可能性。回顾珀西瓦尔·洛厄尔几年前拍摄的照片，汤博进一步证实了该天体的存在。洛厄尔确实发现了它，但这个天体太小了，以至于洛厄尔的助手们忽略了它。

阋神星为什么对天文学如此重要？

2005 年，天文学家迈克·布朗、查德威克·特鲁希略和戴维·拉比诺维茨采用克莱德·汤博使用过的技术的改进版，在冥王星轨道之外发现了一个新的太阳系天体，其体积比冥王星还要大。这个天体最初被称为 2003UB 313。这个天体的发现彻底解决了冥王星是不是太阳系中最大的柯伊伯带天体的问题：不是。进一步的观测表明，2003UB 313 甚至拥有自己的卫星。

2003UB 313 被发现后，行星天文学家迫切需要重新科学定义"行星"一词。由于 2003UB 313 比冥王星更大更远，我们要么不再把冥王星视为行星，要么必须把这个天体列为第十颗行星。经过大量辩论，国际天文学联合会于 2006 年 8 月正式对这些天体进行了重新分类。这就是今天我们的太阳系只有八颗行星，而冥王星不在其中的原因。

有一段时间，发现者开玩笑地分别将这个新的柯伊伯带天体及其卫星称为"西娜"和"加布里埃尔"，二者是一部神话题材电视剧中的女主角和她的同伴。在重新定义行星后不久，国际天文学联合会负责确定太阳系天体正式名称的委员会批准了发现者提出的 2003UB 313 及其卫星的正式名称。如今，它们正式被称为阋神星（Eris，厄里斯）和阋卫（Dysnomia，戴丝诺米娅），厄里斯和戴丝诺米娅分别是希腊神话中的掌管不和与违法的女神。

 ## 有哪些体积较大的柯伊伯带天体？

下表列出了已知的体积较大的柯伊伯带天体。

表 11　体积较大的柯伊伯带天体

名　称	平均几何直径（千米）	名　称	平均几何直径（千米）
阋神星	2 600	亡神星	940
冥王星	2 390	伐楼那	890
塞德娜	1 500	伊克西翁	820
夸奥尔	1 260	卡俄斯	560
冥卫一	1 210	雨神星	500

塞德娜
（1 500千米）

夸奥尔
（1 260千米）

冥王星
（2 390千米）

月球
（3 476千米）

地球
（12 742千米）

一些最大的柯伊伯带天体（包括冥王星、塞德娜和夸奥尔）与地球、月球的对比

小　行　星

 小行星是什么？

　　小行星是相对较小的天体，主要成分是岩石或金属，围绕太阳运行。它们和行星很像，但小得多：最大的小行星——谷神星，直径只有约 950 千米，而且已知太阳系中只有 10 颗小行星的直径大于 250 千米。大多数小行星主要由富含碳的岩石构成，但也有一些小行星至少含有一部分铁和镍。除了最大的一些之外，小行星往往形状不规则，在太阳系中移动时不仅旋转还会翻滚。

 小行星带是什么？

　　小行星带（亦称主带）是位于火星轨道和木星轨道之间的区域，距离太阳约

2.4亿～8亿千米。已知的大多数小行星都分布在小行星带内。小行星带又被划分为更窄的带，它们之间的无天体区域被称为柯克伍德空隙。柯克伍德空隙得名于最早发现它们的美国天文学家丹尼尔·柯克伍德。

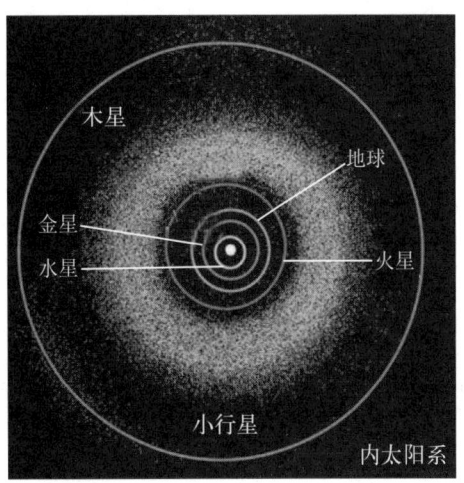

小行星带位于火星轨道和木星轨道之间。

小行星带内有哪些较大的小行星？

最大的四颗小行星分别是谷神星、智神星、灶神星和健神星。另一些有名的小行星包括爱神星、加斯普拉、艾达和艾卫。下表列出了一些较大的小行星。

表12　较大的小行星

名　称	平均几何直径（千米）	名　称	平均几何直径（千米）
谷神星	950	林神星	290
智神星	530	赫克托	270
灶神星	530	丽神星	260
健神星	410	司法星	260
戴维	330	原神星	240
因太拉尼亚	320	婚神星	240
欧罗巴	300	灵神星	230

所有的小行星都位于小行星带吗？

不是。太阳系的其他区域也有许多小行星。例如，1977年发现的喀戎，它的轨道位于土星和天王星之间。另一个例子是特洛伊群，它们在拉格朗日点附近沿着木星轨道运行（一组在木星前面，另一组在木星后面），因此可以安全地绕行，不会撞向木星。

小行星带中的小行星相隔多远？

尽管小行星带中至少有数百万颗小行星，但它们之间一般相隔极远，距离可达数千甚至数百万千米。科幻作品中常常出现惊心动魄的情节：在太空追逐中穿越小行星带，躲避无数小行星。但遗憾的是，这完全是虚构的。

 ### 近地天体很危险吗？

有数百个，甚至数千个近地天体，它们是一些轨道与地球轨道相交的小行星、彗星等天体。确实可能会有一个近地天体撞击我们的星球，并引发灾难。

 ### 天文学家什么时候意识到了小行星的本质？

人类发现的第一批小行星是谷神星（1801 年）、智神星（1802 年）、婚神星（1804 年）和灶神星（1807 年）。几十年后，随着望远镜技术的飞速发展，人们在火星和木星之间的轨道上发现的小型类行星天体的数量激增到数十个，然后是数百个。到了 19 世纪中叶，天文学家意识到这些天体是"小行星"。

 ### 小行星源自哪里？

小行星的起源仍然是科学研究的重要课题。今天的天文学家认为，大多数小行星是未能与足够物质结合而形成行星的星子，另一些小行星可能是行星或原行星在巨大碰撞中破碎后的残骸。

 ### 有多少颗小行星？

如今，天文学家定期追踪数千颗小行星，数万颗小行星已被发现并记录。目前估计小行星至少有 100 万颗，其中估计约有 1/10 可以从地球上观测到。

 ### 为什么谷神星如此重要？

1801 年 1 月 1 日，意大利神父朱塞佩·皮亚齐发现了谷神星。皮亚齐观察到一颗当时星表中没有记录的类星体。他连续几个晚上观察这个天体，并注意到它相对于固定的恒星背景的移动速度比木星快但比火星慢。皮亚齐推断这个天体是一颗新发现的行星，位于火星和木星之间。他以罗马神话中农业女神的名字将其命名为克瑞斯（Ceres，中文译为谷神星）。同年晚些时候，德国数学家卡尔·弗里德里希·高斯算出了谷神星的轨道。

此后的几十年间，谷神星一直被视为行星。后来在火星和木星之间发现了太多的小行星，因此天文学家们认为有必要对行星进行重新分类。从此谷神星从最小的行星变成了第一颗被发现的小行星。谷神星目前仍然是已知最大的小行星。最近，在冥王星的地位被调整的同时，谷神星的地位也得到了调整；现在，它不仅是最大的小行星，还是矮行星。

彗　星

 彗星是什么？

彗星基本上就是"雪泥球"——由岩石成分、尘埃以及冰、甲烷和氨组成的团块。彗星在离心率极大的椭圆的轨道上围绕太阳运行。远离太阳时，彗星是结构简单的固态天体；

施瓦斯曼-瓦赫曼 3 号彗星每 5 年半绕太阳公转一周。1995 年，这颗彗星分裂成 4 块，斯皮策天文台 2006 年拍摄的这张图片中可以看到其中 3 块。

但靠近太阳时，温度升高导致彗星表面的冰升华，这会在彗星的固体部分（彗核）周围形成一团云雾状的彗发。结构松散的彗星蒸气会形成长长的彗尾，长度可达数百万千米。

🪐 人类什么时候第一次观测到彗星？

人类用肉眼就可以观测彗星，而且有时彗星格外明亮美丽，因此人类无疑自古以来就一直在观测彗星。不过，在古代，彗星一直与大量的神话和迷信联系在一起。

🪐 天文学家是什么时候计算出彗星绕太阳公转的轨道的？

17 世纪，天文学家们试图找出彗星运行的起点和终点。1607 年观测到彗星的约翰内斯·开普勒推断，彗星沿直线运行，来自无限远的地方，一旦经过地球就永远不再回来。不久后，波兰天文学家约翰尼斯·赫维留提出，彗星的轨道是略微弯曲的。17 世纪末，乔治·塞缪尔·德费尔提出彗星沿着抛物线轨迹运行。1695 年，埃德蒙·哈雷终于得出正确结论：彗星沿着离心率极大的椭圆的轨道绕太阳运行。

🪐 第一颗获得永久命名的彗星是哪颗？

英国天文学家埃德蒙·哈雷是艾萨克·牛顿的朋友，也是当时最伟大的天文学家之一。哈雷在一生中创造了许多令人瞩目的天文学成就。他绘制了第一张气象图，还是首批科学计算地球年龄的科学家之一。1719—1742 年，哈雷担任英国皇家天文学家，这是当时英国最高的天文学荣誉。

哈雷最伟大的发现之一是他计算出彗星的轨道形状。他研究了天文学家多年来记录的 24 颗彗星的路径。在这些彗星中，他发现 3 颗彗星——一颗出现在 1531 年，一颗出现 1607 年，还有一颗是哈雷本人在 1682 年观测到的，在天空中的飞行路径几乎相同。这一发现使他得出结论，彗星围绕太阳公转，因此会周期性地出现。1695 年，哈雷在给艾萨克·牛顿的信中写道："我越来越确信，自从 1531 年以来，我们已经 3 次看到那颗彗星了。"哈雷预测，这颗彗星将在其最后一次被观测到后的 76 年，即 1758 年回归。

不幸的是，哈雷未能亲眼证实自己的预测就去世了。这颗彗星以他的名字命名，时至今日，哈雷彗星仍然是世界上最著名的彗星。它最后一次经过地球是在 1986 年，并将于 2062 年再次回归。

海因里希·威廉·马托伊斯·奥尔贝斯是谁？

由于彗星沿着离心率极大的椭圆的轨道运行，因此计算它们的轨道比行星和大多数小行星要困难得多。18世纪末，法国数学家和科学家皮埃尔-西蒙·拉普拉斯建立了一套方程来进行这些计算，但这些方程过于烦琐，难以使用。1797年，德国天文学家和医生海因里希·威廉·马托伊斯·奥尔贝斯发表了一种新的计算彗星轨道的方法，这种方法比拉普拉斯的方程更准确且更易使用。这使奥尔贝斯成为当时最杰出的天文学家之一。

奥尔贝斯是一位备受尊敬的医生，因疫苗接种运动和多次在霍乱流行时期英勇救治病人而饱受赞誉。1780年，年仅22岁的他第一次发现了一颗彗星。1781年，他在自家二楼修建了一座天文台。终其一生，他发现了5颗彗星，并计算了另外18颗彗星的轨道。他提出了一个正确的假说：彗尾是由离开彗核的物质构成的，来自太阳的能量使彗尾总是拖在彗星后面。奥尔贝斯还发现了第二和第三颗小行星，分别是1802年3月发现的智神星和1807年3月发现的灶神星。

 ## 彗星源自哪里？

大多数绕太阳公转的彗星都源自柯伊伯带或奥尔特云，这是太阳系中位于海王星轨道之外的两大区域。短周期彗星通常源自柯伊伯带。有些彗星和类彗天体的轨道甚至更小，它们可能曾经来自柯伊伯带或奥尔特云，但由于与木星和其他行星的引力作用，其轨道路径发生了改变。

 ## 奥尔特云是什么？

奥尔特云是一个包围着太阳的球形区域。大多数轨道周期超过200年的彗星（即长周期彗星）都源自奥尔特云。没人测量过奥尔特云的大小，但据估计其直径可能为1～1.6光年。科学家认为，奥尔特云中可能存在数十亿甚至数万亿颗彗星和类彗天体。

 ## 扬·亨德里克·奥尔特是谁？

奥尔特云以扬·亨德里克·奥尔特的名字命名。奥尔特是公认的当时最杰出的荷兰天文学家。他的科学研究涉猎广泛，从星系的结构到彗星的形成都在其研究范围内。他还是射电天文学的先驱。

1927 年，奥尔特研究了一个当时具有革命性的观点，即银河系围绕其中心旋转。通过研究太阳附近恒星的运动，奥尔特得出结论，我们的太阳系并非如之前所认为的那样位于银河系中心，而是位于靠近银河系边缘的某个位置。随后，奥尔特开始着手解释银河系的结构，利用理论模型和射电天文学的工具进行研究。

奥尔特研究了彗星的起源。他在 1950 年提出，在冥王星轨道之外，离太阳数万亿千米的广阔空间内，存在一个巨大的空间，像外壳一样，其中包含了数万亿颗缓慢绕转的、物理活动不活跃的彗星。这些彗星一直停留在那里，直到路过的气体云或恒星扰动其中一颗彗星的轨道，使其在离心率极大的椭圆的轨道上向太阳系内部飞去。今天，这个长周期彗星所在的区域以奥尔特的名字命名。

🪐 谁是 18 世纪法国最著名的彗星发现者？

夏尔·梅西耶，著名的《梅西耶星表》的编纂者，是 18 世纪法国最著名的彗星发现者。他的第一份工作是担任另一位天文学家约瑟夫·尼古拉斯·德利尔的绘图员，德利尔教会他如何操作天文仪器。随后，梅西耶在巴黎海军天文台担任文书，之后又在巴黎克吕尼旅馆的天文塔观测站工作。他至少发现了 15 颗彗星，并记录了众多日食、月食、行星凌日和太阳黑子。1770 年，他成为法国皇家科学院院士，不久便编纂了他著名的星表的第一部分。在他发现的天体中，既有蟹状星云这样的天体，也有许多彗星。

🪐 现代哪些彗星最著名？

哈雷彗星可能是人类历史上最著名的彗星。它最后一次飞掠地球是在 1986 年。其他著名的彗星包括 1994 年分裂并撞向木星的舒梅克-列维 9 号彗星、1996 年飞掠地球的百武彗星，以及 1997 年飞掠地球的海尔-波普彗星，很多人认为它是"20 世纪彗星"。

🪐 哈雷彗星有哪些特点？

科学家们认为，哈雷彗星和其他彗星相比，特殊之处只在于它可能更大且更接近太阳。1986 年，欧洲航天局的"乔托号"行星际探测器拍摄了哈雷彗星的中心并收集了其他数据。图像显示，该彗星长约 15 千米，宽约 10 千米，呈深黑色，形状像土豆，表面有类似丘陵和山谷的地形特征。彗星上喷射出 2 道明亮的气体尘埃喷流，每道喷流长约 14 千米。彗星含有氢、氧、碳、氮和硫等元素。

人类观测哈雷彗星的历史有多长?

在哈雷彗星得名之前很久,人类就已经开始观测它了。对哈雷彗星的首次记录可以追溯到 2 000 多年前。公元前 613 年,中国的史官第一次记录下哈雷彗星的出现;公元前 240 年开始,中国对哈雷彗星的记载就没有中断过。公元前 164 年和公元前 87 年,巴比伦天文学家也记录了它的到访。公元前 12 年,罗马人认为这颗彗星的出现与政治家阿格里帕的去世有关。

 海尔−波普彗星在飞掠地球时是什么样的?

海尔−波普彗星是由两位天文学家在同一天发现的,这就是为什么它的名字中有一个连字符。1995 年 7 月 22 日,艾伦·海尔在美国新墨西哥州南部的家中观测到了这颗彗星,而托马斯·波普则在美国亚利桑那州观测到了它。1996 年 8 月,人们第一次用肉眼观测到了海尔−波普彗星。它在 1997 年 3—4 月近 2 个月的时间里最为明亮。就像 1 年前飞掠地球的壮观的百武彗星一样,海尔−波普彗星也有一条蓝色的离子彗尾和一条黄白色的尘埃彗尾,两条彗尾还离得很远。

 舒梅克−列维 9 号彗星怎么了?

舒梅克−列维 9 号彗星与木星的碰撞是人类首次直接观测到的太阳系天体之间的碰撞。1994 年春,随着彗星接近木星,它分裂成了一条长长的碎片链。1994 年 7 月,天文学家们惊讶地观察到这些碎片一个接一个地撞入气态巨行星的浓密大气层。

第6章
地　球

 地球是什么？

　　地球是太阳系中的第三颗行星，距离太阳约 1.5 亿千米。它是体积最大、质量最大的类地行星。其内部由金属地核（既有液态也有固态）、厚厚的岩石地幔和薄薄的岩石地壳组成。

 人类最初是如何测量地球的？

　　对地球体积和形状的研究称为大地测量学。人们展开大地测量学的研究已有数千年之久。早在 2 000 年前，希腊-埃及天文学家和数学家埃拉托斯特

"阿波罗 17 号"上的宇航员拍摄了这张著名的地球照片。

尼就利用太阳的阴影计算出地球的周长约为 39 690 千米，这个数字与现代测量值惊人接近。

　　随着文明的兴衰，这一学科的知识在历史上多次失传又重新发现。到 15 世纪中叶，尽管水手和学者都充分意识到地球是球形，但是大多数远离海洋的欧洲人仍然认为地球是平的；关于地球的体积则无人知晓，例如，克里斯托弗·哥伦布就认为地球非常小，他坚信从西班牙向西航行会比向东航行更快地到达印度（当然，他最后到达的是加勒比群岛和美洲大陆）。

　　最终，在 17—18 世纪，欧洲人开发出能够精确测量地球体积和形状的技术。荷兰

物理学家、天文学家和数学家维勒布罗德·斯内尔（以斯内尔定律闻名于世，该定律解释了光通过不同材料时的折射角度）将这些数学思想扩展到如何使用三角学来测量距离。他使用了一个巨大的四分仪来测量两点之间的分离角度，由此他可以计算出它们之间的距离并测量地球的半径。

德国数学家和科学家卡尔·弗里德里希·高斯也研究了这个问题。自1807年至去世，他一直担任哥廷根天文台台长，因此对大地测量学产生了兴趣。1821年，他发明了日光反射镜，这是一种能够反射远距离阳光的仪器，用于准确地标记位置。

 有没有来自外层空间的东西撞击过地球？

来自外层空间的粒子和天体一直在撞击地球。据估计，每天有超过100吨的外层空间物质降落在地球上。到目前为止，这些物质中绝大多数是由比沙粒还小的星际尘埃组成的。还有其他种类的物质，从中微子和宇宙线等亚原子粒子，到被称为陨星的大块岩石和金属都有。几十亿年前，有一颗直径至少数千千米的原行星撞击了地球。许多科学家认为，这一事件导致了月球的诞生。

地 球 的 运 动

 地球是如何自转的？

地球的自转主要源于其形成过程中剩余的角动量。地球有3种不同的运动方式，其中最明显的是自转。地球每23小时56分钟自转一周，产生昼夜更替。此外，地球还存在岁差（地球自转轴的进动）和章动（地球自转轴的前后摆动），这主要是由月球绕地球运行时对地球的引力作用所导致的。长时间后，岁差和章动会导致地球的北极和南极指向不同的恒星。

 科学家是如何证明地球自转的？

詹姆斯·布拉得雷首次给出了地球自转的证据。当布拉得雷测量恒星视差，即由于地球绕太阳运动而观察到的恒星角运动时，他注意到，每一整年，夜空中所有的恒星都以完全相同的量移动，和地球移动的方向相同。1728年，布拉得雷清楚地认识到，他所观察到的恒星的表观运动是地球朝向恒星运动所导致的。这种效应被称为光行差，类似于当观察者在暴雨中行走时，会感觉雨滴稍微朝他的方向倾斜落下，从而导致观察者需要向前倾斜雨伞。这一现象清楚地表明地球在运动，强烈暗示地球也在自转。

1852 年，法国科学家让-贝尔纳-莱昂·傅科通过在巴黎先贤祠的圆顶天花板上悬挂 60 多米长的绳子和铁球，进一步证实了地球的自转。铁球底部装有一个小指针，指针在平坦的沙面上画出铁球的运行轨迹。一整天中，尽管铁球的运动轨迹不变，但指针画出的线条却缓慢而连续地向右偏移。最终，线条形成了一个完整的圆周，这个圆周正好对应半天的时长。傅科的摆锤是一个简单易懂的证明方式，它表明地球的自转是真实的，而非太阳和其他恒星围绕它旋转所产生的光学错觉。

 ## 傅科是谁？

让-贝尔纳-莱昂·傅科是他那个时代杰出的科学家。除了著名的摆锤实验外，傅科还发明了陀螺仪，测量出了当时最准确的光速，改进了望远镜。此外，傅科还是一位多产的作家，编写了算术、几何和化学的教科书，还为报纸撰写科学专栏。

傅科与物理学家阿尔芒·斐索一起首次使用相机拍摄太阳。他们使用的相机是银版照相机，这种相机在涂有银的光敏玻璃板上成像。与当今使用的胶片或数字探测器相比，这些早期的成像板对光的敏感度极低，因此为了拍照，斐索和傅科必须长时间聚焦，时间长到太阳相对于地球的位置发生很大变化，而照片也会变得模糊。为了解决这个问题，傅科发明了一个由摆驱动的装置，使相机始终对着太阳。

 ## 地球自转的速度有多快？

地球每 23 小时 56 分钟自转一周。当然，这不是精确的 24 小时，但非常接近 24 这个整数，所以我们的日历以 24 小时为一天，再通过其他方式弥补计时和实际自转周期的差异。

由于地球基本上是一个固态天体，地球的每一部分自转一周所需的时间都是相同的。这意味着，一个站在赤道上的人实际上正以大约 1 674 千米 / 小时的速度旋转——几乎是喷气式客机的 2 倍！然而，如果向北极和南极移动，这个速度会下降；在两极，自转速度为零。

地球大气层

 ### 地球大气层有多厚?

地球的大气层延伸到其表面 1 000 千米之外。越接近地表,大气密度就越大。地球大气层中大约一半的气体位于距离地表几千米之内,而 95% 的气体位于距离地表 19 千米之内。

 ### 地球大气层由哪些气体组成?

地球的大气层由 78% 的氮气、21% 的氧气、1% 的其他气体(如氩气、水蒸气和二氧化碳)组成。

 ### 地球大气层包含哪几层?

地球大气层的底层被称为对流层。我们呼吸的空气就来自这一层,它包含云层,天气模式也产生于对流层。对流层之上是平流层,它开始于大约 14 千米的高度,温度低至−50 摄氏度。平流层顶是中间层,海拔约在 50 到 80 千米之间,较为温暖,其中含有高浓度的臭氧分子,可以阻挡紫外线。从 80 千米到 320 千米,尽管大气密度非常小,但温度却急剧上升——这是热层。在热层之上是地球大气层的最高层:电离层。在这一层,气体分子分解成原子,许多原子又被电离成荷电粒子。

生命必需的大气层不仅包括氧气、二氧化碳等动植物生存所需要的气体,还包括保护生命免受辐射危害的臭氧等气体。

 ### 地球大气层是如何形成的?

地球大气层中的一部分气体可能在大约 45 亿年前源自太阳星云,当时地球正在形成。一般认为,地球的大部分气体蕴藏在地表以下,通过火山喷发和地壳的裂缝和断层逸出。水蒸气是逸出量最大的气体，凝结后形成海洋、湖泊和其他地表水。二氧化碳可能是第二多的气体，大部分溶解在水中或与地表岩石发生化学反应。逸出的氮气较少，但没有大量凝结或发生化学反应，所以氮气是我们大气层中最丰富的气体。

地球大气层中高浓度的氧气对于行星来说是非常不寻常的，因为氧非常活跃，容易与其他元素发生化学反应。要保持这么多游离氧，必须源源不断地补充氧气。在地球上，植物进行光合作用，吸取大气中的二氧化碳并增加氧气。

 ## 地球大气层在变化吗？

地球的大气层在不断地缓慢地变化。一般一个变化周期要持续数千年，其间不同气体（氧气、二氧化碳等）的浓度会上升或下降，微小尘埃颗粒（如碳烟）的浓度也会变化。

在过去大约 100 年里，人口增长和工业活动导致了一些气体和颗粒物的浓度发生急剧变化。最显著的影响是大气中二氧化碳含量骤增。一些科学家称，二氧化碳含量升高产生了显著的温室效应，可能导致地球平均温度上升的速度大大超过正常的生态和地质时间尺度。

地 球 磁 场

 ## 地球磁场是什么？

电磁力遍布地球的每一个角落。从本质上讲，地球本身就是一个巨大的球形磁铁。这主要是由于地球内部电流的运动——可能是由地核中液态金属的运动产生的。结合地球的旋转，地核就像一个发电机，产生磁场。

地球的磁场延伸到离地面数万千米之外的太空。磁场线从地球的磁极（磁北极和磁南极）发出，形成完整的大环。不过，它们偶尔会指向太空。地球磁场的磁北极和磁南极非常接近地球自转轴线的端点地理北极和地理南极。

 ## 人们是如何发现地球有磁场的？

古代中国人是最早用磁铁来导航的。指南针指向南北极，是因为磁铁与地球磁场保持一致。由于地球的磁极与自转轴的南北极非常接近，因此在世界大部分地区，指南针可以基本指向正北和正南。不过古代中国人并不了解原理。

随着时间的推移，科学家们开始将磁石与地球本身的性质联系起来。例如，英国天文学家埃德蒙·哈雷花了 2 年的时间乘坐英国皇家海军军舰横渡大西洋，研究地球的磁场。后来，德国数学家兼科学家卡尔·弗里德里希·高斯对磁铁和磁场的一般工作原理做出了重要发现。他还建立了第一个专门用于研究地球磁场的观测站。他与同事威廉·韦伯一起计算出了地磁极的位置。如今，磁感应强度有一个单位被命名为高斯，以纪念他的贡献。

 ### 地球磁场有多强？

以人类的标准来看，它相当弱。地球表面大多数地方的磁感应强度约为 10^{-4} 特斯拉（冰箱磁铁的磁感应强度通常为 $10^{3} \sim 10^{2}$ 特斯拉。）然而，磁场的能量与其体积密切相关，地球磁场覆盖了整个星球，所以总体来说，地球的磁能是相当大的。

 ### 地球磁场会发生变化吗？

是的，磁场在不断变化，不过非常缓慢。磁极实际上每年都会漂移几千米，而且运动方向往往是随机的。在数千年的时间里，磁场的强度可能会显著变大或变小。更令人惊奇的是，地球的磁场会改变方向——磁北极变成磁南极，磁南极变成磁北极。根据科学测算，地球磁场最近一次极性反转大约发生在 80 万年前。

 ### 地球磁场反转时会发生什么？

地球磁场发生极性反转时，我们的日常生活可能并不会发生太大的变化。多年来的测量数据显示，在过去的 1 个世纪里，地球磁场的强度已经下降了约 6%，因此一些科学家认为很可能很快就会发生极性反转。有一些不科学的假设认为这会导致环境灾难，但是这是没有科学证据的。

 ### 我们怎么知道地球磁场会反转？

1906 年，法国物理学家贝尔纳·布吕纳发现了磁场方向与地球磁场方向相反的岩石。他提出这些岩石是在地球磁场方向与今天相反的时期沉积的。布吕纳的观点得到了日本地球物理学家松山基范的支持，后者在 1929 年研究了古代岩石，并确定地球磁场在历史上经历了多次反转。如今，对岩石以及嵌入其中的微生物化石的研究表明，在过去的 360 万年里，地球磁场至少发生了 9 次反转。

人们尚不清楚地球磁场极性反转的确切原因。目前认为，这种反转是由地球内部过程引起的，而不是太阳活动等外部影响导致的。

极　　光

 ## 极光是什么？

极光是在夜空中明亮且多彩的光。当来自太阳的荷电粒子（通常是太阳风粒子，但有时也有日冕物质抛射）进入地球大气层时，就会产生极光。这些粒子在地球磁场的作用下被引导至南北磁极。沿途，这些粒子从遇到的气体分子中抽取电子，使一些气体分子电离。当电离气体与其电子重新结合时，它们会发出颜色独特的光，发光的气体在天空中波动。

▎太阳风撞击地球的高层大气，产生了五颜六色的极光。

在哪里可以看到极光?

　　极光在北极和南极附近的高纬度地区最为明显。如果在低纬度地区,有时在晴朗的夜晚、远离城市灯光的地方也能看到它们。每隔一段时间(也许每年1次左右),可能远至美国南部地区都可以看到极光。极光的美丽令人惊叹,颜色从灰绿色到深红色都有,形状或如流苏,或如弓弧,或如窗帘,或如贝壳。

 在其他行星上也能看到极光吗?

　　任何有磁场的行星都有极光。人类已经在木星和土星的磁极附近探测并拍摄到了美丽的极光,有时体积比整个地球还要大。

范艾伦带

 范艾伦带是什么?

　　范艾伦带是两个环绕我们星球的带状区域,由荷电粒子组成,形状像厚厚的甜甜圈,

在美国俄亥俄州克利夫兰的路易斯研究中心,一位科学家使用等离子推进器模拟出范艾伦带。

在赤道上方最宽，在极地区域附近向地球表面弯曲。这些荷电粒子通常来自外层空间（一般来自太阳）并被困在地球磁层的这两个区域内。由于这些粒子带电，它们会沿着磁层的磁场线旋转和移动。磁场线从地球赤道延伸出去，粒子在两个磁极之间来回移动。较近的范艾伦带距离地球表面约 3 000 千米，而较远的范艾伦带距离地球表面约 15 000 千米。

 ## 范艾伦带是如何被发现的？

1958 年，美国将其第一颗卫星"探险者 1 号"送入轨道。在"探险者 1 号"携带的科学仪器中，有一个由艾奥瓦大学物理学教授詹姆斯·范艾伦设计的辐射探测器。正是这个探测器首次发现了磁层中有两个充满高能荷电粒子的带状区域。这两个区域后来被命名为范艾伦带。

 ## 太阳系中的其他天体也有范艾伦带吗？

是的。科学家认为所有气态巨行星都有类似的区域，且在木星的磁场中已经观测到了。

中　微　子

 ## 中微子是什么？

中微子是一种极小的亚原子粒子，远小于原子核。中微子不带电且质量极小（电子的质量比中微子大数千甚至数万倍，而质子和中子的质量则比中微子大数百万倍）。中微子如此微小，像幽灵一样，几乎总是能够不受任何干扰、不发生任何反应地穿过宇宙中的任何物质。

 ## 每个人现在都正被中微子击中吗？

是的，你（以及地球表面的每一寸土地）都在不断地被来自太空的中微子轰击。每秒都有数十亿个中微子穿过你的身体。

幸运的是，中微子与任何物质（包括人体内的原子和分子）相互作用的可能性都极低，因此每秒击中你的数十亿个中微子根本不会产生可察觉的影响。事实上，任何到达地球的中微子与任何地球上的原子相互作用的概率大约是十亿分之一。即使真的发生了，结果也只是一道无害的微小闪光。

 ## 中微子的存在是如何被证实的？

1930 年，奥地利物理学家沃尔夫冈·泡利最早提出了中微子的存在。他注意到，在一种名为 β 衰变的放射性过程中，观测到的总能量变化大于理论预测。他推断，一定存在另一种粒子，带走了部分能量。由于多出的能量非常少，这种假想的粒子也一定非常小且不带电。几年后，意大利物理学家恩里科·费密将这种神秘的粒子命名为中微子。然而，中微子的存在直到 1956 年才被实验证实，当时美国物理学家小克莱德·L. 考恩和弗雷德里克·莱因斯在南卡罗来纳州萨凡纳河畔的一个特殊核设施中探测到了中微子。

 ## 中微子如此难以捉摸，那么科学家是如何观察到它们撞击地球的？

可以通过中微子与地球上物质的非常罕见的相互作用来探测来自太空的中微子，但这需要使用非传统望远镜。第一个有效的中微子探测器于 1967 年设立在美国南达科他州利德附近的霍姆斯特克金矿深处。美国科学家雷蒙德·戴维斯和约翰·巴考尔在那里设了一个装有 600 多吨极纯的高氯酸盐（用作干洗液）的容器，并监测该液体中是否发生非常罕见的中微子作用。此后其他实验使用其他物质（如纯水）来探测中微子。

 ## 中微子来自哪里？

撞击地球的中微子绝大多数来自太阳。太阳核心发生的核反应产生大量中微子。产生的光需要数千年才能离开太阳内部，而中微子在不到 3 秒的时间内就从太阳中释放出来，仅需 8 分钟即可到达地球。

 ## 太阳中微子问题是什么？

从中微子天文学的研究开始之日起，科学家就发现核聚变理论与实际观测到的来自太阳的中微子数量之间存在差异。地球上的中微子望远镜检测到的中微子数量大约只有预期的 1/3。科学家们反复检查和确认这一结果，但这种奇怪的数据每一次都得到进一步证实。这被称为太阳中微子问题。太阳核心产生的能量是否低于预期？核聚变理论错了吗？

这个问题在近 40 年后才得以解决。事实证明，中微子会改变自己的"味"。这意味着离开太阳的中微子数量与理论值是一致的，但太多中微子改变了"味"，逃过了地下深处中微子望远镜的检测。这一发现是基础物理学的一项重大突破。它证实了中微子的一些非常重要的特性，这些特性对宇宙中物质的基本性质有着重大影响。

 有没有来自其他天体的中微子撞击过地球？

1987 年，数百年来首颗肉眼可见的超新星出现在南方天空。几乎与此同时，全球的中微子探测器记录到的中微子反应比平时多出了 19 次。虽然"全球范围只多了 19 个"听起来并不那么震撼，但它意义重大，因为这是首次确认来自太阳以外的某个特定天体的中微子撞击了地球。

宇　宙　线

 宇宙线是什么？

宇宙线是看不见的高能粒子，它们不断从四面八方撞击地球。大多数宇宙线是运动速度极快的质子，宇宙线也可以是任何元素的原子核。它们以光速的 90% 或更快的速度进入地球大气层。

 谁发现了宇宙线？

奥地利裔美国天文学家维克多·弗朗茨·赫斯对科学家们在地面和大气层中发现的神秘辐射很感兴趣。这种辐射能改变验电器（一种用于检测电磁活动的设备）的电荷数，即使验电器被放置在密封容器中。赫斯认为这种辐射来自地下，并且认为到高空中就检测不到它。为了验证这一想法，1912 年，赫斯进行了一系列高空热气球飞行，在热气球上携带验电器。他在夜间飞了 10 次，还有 1 次在日食期间，以确保没有来自太阳的辐射。令他惊讶的是，赫斯发现他飞得越高，辐射就越强。这一发现使赫斯得出结论，这种辐射来自外层空间。由于在理解宇宙线方面的工作，赫斯于 1936 年获得了诺贝尔物理学奖。

人们是如何证明宇宙线是荷电粒子的？

1925 年，美国物理学家罗伯特·安德鲁·密立根将验电器放在湖泊深处，探测到的辐射和维克多·弗朗茨·赫斯在热气球实验中发现是完全相同。他是第一个将这种辐射称为宇宙线的人，但他不知道这些射线是什么。

1932 年，美国物理学家阿瑟·霍利·康普顿在地球表面的多个地点测量了宇宙线，发现这种辐射在高纬度地区（即靠近北极和南极的地区）比在低纬度地区（即靠近赤道的地区）更强。他得出结论，地球磁场会影响宇宙线，使它们偏离赤道，朝向地球磁场。已知电磁力能影响这些射线，因此很明显宇宙线一定是荷电粒子。

 ### 宇宙线来自哪里？

太阳持续喷出荷电粒子流，即太阳风。显然，一部分宇宙线来自太阳。其余宇宙线的来源仍然是个谜。遥远的超新星爆发可能是来源之一。还有一种可能，许多宇宙线是被星际磁场加速到极大速度的荷电粒子。

 ### 我会被宇宙线击中吗？

实际上，每个人每时每刻都在被宇宙线击中，可能每秒就有好几次。通常，击中你的宇宙线对你的健康没有损害。尽管这些粒子的能量非常高，但击中你的数量却相对较少。然而，如果你离开地球的磁层，那么你的健康可能会受到威胁。在地球表面，磁层将这些射线引向地球的磁极，形成了一道对抗宇宙线的屏障。然而，如果处于数千千米的高度，人身上的宇宙线通量会大得多，因此可能会对人的身体细胞和系统造成潜在损害。

流 星 和 陨 星

 ### 陨星是什么？

陨星是来自外层空间并降落在地球上的大颗粒物质。陨星的体积可以小得像一粒沙子，也可以更大。历史记载中大约可以发现 3 万颗陨星，其中约 600 颗主要由金属构成，其余主要由岩石构成。

 流星是什么？

    流星是从外层空间进入地球大气层，但并没有降落在地面上的颗粒。它们会在大气中燃烧殆尽，短时间里留下一条发光的轨迹，描绘出它在天空中的部分路径。和陨星一样，流星的体积可以小得像一粒沙子；大多数情况下，如果流星的体积大于棒球，它就会到达地面，这时我们称之为陨星。

▌画中一颗流星进入地球大气层并燃烧。

 流星和陨星来自哪里？

    大多数流星，特别是流星雨期间的流星，是不知多少年来遗留在地球轨道路径上的彗星残骸。陨星通常比流星大，大多数是小行星和彗星的碎片，这些碎片以某种方式（可能是与另一个天体碰撞）从它们的母体上分离出来，然后在太阳系中运行，直到它们撞上地球。

 流星雨是什么？

    流星通常会在天空中短暂闪耀并快速划过。一般大约每小时会出现 1 颗流星。然而，有时连续几个夜晚，天空中会出现大量流星。这些流星似乎来自天空的同一部分，每小时可以看到几十颗、几百颗，有时甚至几千颗。我们把这种令人眼花缭乱的景象称为流星雨。最强的流星雨有时被称为流星暴。

 最著名的流星雨有哪些？

    每年 8 月，当地球穿过 109P/ 斯威夫特–塔特尔彗星的残余彗尾时，就会出现英仙座流星雨。11 月，当地球穿过 55P/ 坦普尔–塔特尔彗星的残余时，我们就会看到狮子座流星雨。这些流星雨的名字来源于彗星辐射点所在的星座，即天空中的流星雨看上去像是从哪个星座来的。顾名思义，英仙座流星雨和狮子座流星雨的辐射点分别是英仙座和狮子座。

科学家是如何确定流星和陨星来自外层空间的?

1714 年，英国天文学家埃德蒙·哈雷仔细研究了流星观测报告。他根据这些报告计算了流星的高度和速度，并推断出它们必定来自外层空间。然而，其他科学家对此结论持怀疑态度，他们认为流星和陨星要么是像雨一样的大气现象，要么是火山爆发时喷入空中的碎片。

1790 年，石头如雨点般落在法国的部分地区。德国物理学家格奥尔格·克里斯托夫·利希滕贝格派他的助手恩斯特·弗洛朗·弗里德里希·奇洛德尼前往调查。奇洛德尼研究了这些陨石的报告以及过去 2 个世纪的相关记录。他得出了和埃德蒙·哈雷一样的结论：这些碎片来自地球大气层之外。奇洛德尼进一步猜测陨星是行星解体后的残骸。

1803 年，伴随一阵巨响，超过 2 000 颗陨星落在法国领土上。法国科学院成员让-巴普蒂斯特·比奥收集了目击者报告以及部分坠落的陨石。比奥测量了碎片覆盖的区域，并分析了陨星的成分，证明它们不可能起源于地球大气层内。

 已知的最大陨星有多大?

世界上最大的陨星都重达数吨，几乎完全由金属构成，直径可达数米。

 陨星的年龄有多大?

大多数陨星都有数十亿年的历史，在撞击地球之前，它们已经在太阳系中运行了很长时间。许多陨星与太阳系一样古老，大约有 46 亿年的历史，而且在这么长的时间里基本上没有发生变化。

 在哪里可以找到陨星?

陨星在世界各地都有发现。由于大多数着陆点都被现代文明破坏了，因此如今最有可能在偏远荒芜的地区（如沙漠中）发现陨星。世界上大多数陨星都是在南极洲发现的，这是当今最大的无人居住、未受干扰的地区。

 陨星可以分为哪些类型?

陨星主要分为两大类：陨石和金属陨星。每一类又可以进一步细分为更详细的小类。

例如，球粒陨星是陨石的一种，它们通常是最古老的陨石；橄榄陨铁混合了岩石和金属，可能起源于体积较大的小行星的边界区域，那里的岩石地幔与金属地核有物理接触。

 通过陨星，科学家可以了解什么？

由于陨星非常古老，科学家通过研究它们来了解太阳系的早期历史，这与古生物学家通过研究化石来了解数百万年前地球上的生命的方式非常相似。一些最古老的陨石甚至含有比太阳系还古老的物质颗粒。

也可以通过金属陨星来了解地球这样的行星的内部结构。例如，有一种陨星既含有金属也含有矿物，二者结合在美丽而复杂的图案中。科学家研究这些橄榄陨铁，以深入了解地球金属地核附近的内部结构。

 流星和陨星危险吗？

普通的流星和陨星对人类不构成任何威胁。流星在到达地面之前就会燃烧殆尽，所以它们不会撞击地表上的任何东西。陨星则非常罕见，因此它们撞击重要物体的概率几乎为零。然而，偶尔也会发生意外。1911年，一颗坠落的陨星砸死了埃及的一条狗；1954年，另一颗陨星击中了美国亚拉巴马州一个睡熟的女子的手臂，以粗暴的方式将她惊醒；1992年，一颗陨星在一辆雪佛兰迈锐宝汽车上穿了一个洞。还有一种非常罕见的情况：大约每10万年左右，就会有一颗直径约100米的流星或陨星进入地球大气层。更为罕见的是，大约每1亿年左右，会有一颗直径1 000米的陨星撞击地球，那确实是非常危险的。

 近年来，已知在地球大气层中分解的最大的流星是哪颗？

1908年6月30日晚上，西伯利亚通古斯河附近的村民目睹一个火球划破天空，伴随着一道亮光、震耳欲聋的声音和巨大的爆炸声。远在1 000多千米外的俄罗斯伊尔库茨克，地震仪记录到了一些迹象，似乎是一场遥远的地震。然而，这个地区非常偏远，直到1927年才有一支科学探险队到达现场。他们难以置信地发现了一片几千平方千米的焦土和被夷为平地的森林。

现代科学计算表明，这场惊人的爆炸很可能是由一颗直径几十米的小型岩石小行星或彗星引起的。计算机模拟显示，它很可能以小角度进入地球大气层，并在森林上空爆炸。这次爆炸的威力轻而易举地超过了1 000颗广岛原子弹的总和。

过去 10 万年间，已知撞击地球的最大陨星是哪颗？

大约在 5 万年前，一颗直径约 40 米的金属陨星坠落在今天的美国亚利桑那州地区。它在撞击时解体，在沙漠中形成了一个直径约 1200 千米、深近 60 层楼的大坑。这一陨星坑被称为巴林杰陨星坑，是天体巨大动能的显著且持久的例证。仅仅是陨星坑的边缘就高出沙漠地面 15 层楼。科学家们曾长期对这个大坑的成因感到困惑不解。他们曾认为它可能是火山爆发的结果。但地质证据（如陨石坑周围数千米半径内浅层存在金属残骸）证实了这是一次陨星撞击地球的产物。

亚利桑那州的巴林杰陨星坑是地球上少数几个尚未被侵蚀掉的陨星坑之一。

 过去 1 亿年间，已知撞击地球的最大陨星是哪颗？

大约 6500 万年前，一颗直径约 10 千米的陨星撞击了我们的星球，撞击点位于现在的墨西哥南部。这次撞击的遗迹是一个直径将近 200 千米的水下陨星坑。这颗小行星或彗星所携带的动能是通古斯或巴林杰天体的数百万倍。爆炸产生的热量很可能使周围数千米的空气都燃烧了起来。它把大量地壳物质抛入大气层，阻挡太阳的大部分光线长达数月之久。当这些碎片穿过大气层落回地面时，它们变得非常炽热，很可能点燃了所接触到的每一棵树、每一个灌木丛、每一片草叶。这颗陨星造成的生态灾难很可能是恐龙灭绝的直接原因。

第七章 月 球

月球是什么?

月球是地球唯一的自然卫星。月球的直径约为 3 476 千米，略大于地球直径的 1/4，大约是从俄亥俄州克利夫兰到加利福尼亚州旧金山的距离。月球每 27.3 天绕地球公转一周。

月球没有大气层，表面也没有液态水，因此没有风，也没有其他天气现象。在月球表面，没有大气层阻挡太阳辐射，也没有像地球上的温室效应那样的保温能力，因此温度范围大约是–180 ～ 150 摄氏度。月球表面覆盖着岩石、山脉、陨星坑和被称为月海的广阔平原。

这张"阿波罗 11 号"拍摄的照片中，我们可以看到贫瘠裸露的月球表面到处分布着陨星坑。

月亮是由什么组成的?

尽管满月时的月亮看起来很像一块奶酪，但实际上它表面覆盖着岩石、陨星坑以及一层炭黑色的土壤。这层炭黑色的土壤主要由粉碎的岩石和玻璃状碎片组成，深度可达数米。月球上已发现 2 种主要的岩石类型：玄武岩，即硬化的熔岩；角砾岩，即土壤和岩石碎片的混合物。在月球岩石中发现的元素包括铝、钙、铁、镁、钛、钾和磷。与富含铁的地球不同，月球似乎没有很多金属成分。

月球离我们有多远？

月球平均距离地球约 38.4 万千米。这个数值由生活在公元前 2 世纪的古希腊天文学家喜帕恰斯测量得出，他的测量相当准确。如今，人们利用激光测距仪，已测量出一个非常精确的值。

满月时的月亮看起来很像一块奶酪。

月球是如何形成的？

月球的形成多年来一直是科学界的一大谜团。人们曾一度认为，地球和月球可能是两个同时形成的独立天体，通过它们之间的引力相互束缚。但科学家证明这两个天体的化学成分截然不同后，这一观点被推翻了。另一种观点认为，月球是在其他地方形成的，后来经过地球，被引力捕获，进入地球轨道。但这个假设的主要问题在于，地球和月球的大小相对接近——除非一个天体比另一个大很多倍，否则引力捕获的概率是微乎其微的。

在过去的几十年里，科学家已经证明，月球的形成极有可能与两个天体的碰撞有关。几十亿年前，地球上还没有生命的时候，一个火星大小的原行星撞击了地球。原行星的大部分物质落入地球，成为地球的一部分；还有一些物质被抛入太空，开始围绕地球形成一个由尘埃和岩石组成的环。几十天内，环中大部分物质聚集在一起，形成了月球的核心。经过数百万年，月球逐渐形成了今天的体积和形状。

月球在形成后是如何演化的？

科学家认为，在月球形成后的前 10 亿年里，它遭受了大量陨星的撞击，这些陨星形成了大小不一的陨星坑。陨星撞击多到产生的能量熔化了月球的地壳，来自地表之下的熔岩上升并填充了较大的裂缝和陨星坑盆地。这些年轻区域比古老的多山地区看上去更暗，这就是月海。

哪位天文学家第一个研究了月球表面？

伽利略是率先使用望远镜研究宇宙的天文学家之一。他观察到月球表面并不光滑，而是遍布着山脉和陨星坑。月球上广阔而黑暗的区域在他看来就像地球上的海洋，因此他将这些区域命名为 maria，即拉丁语中的"海"。

🌙 哪位和伽利略同时代的科学家也观察过月球，但工作并没有得到广泛的认可？

有趣的是，一个叫托马斯·哈里奥特的英国人也用望远镜观察过月球，还比伽利略早了几个月。哈里奥特今天最为人所知的成就是他在代数的方程和符号方面的贡献。他自制望远镜，观察了哈雷彗星、太阳黑子以及木星的卫星。然而，与伽利略不同，哈里奥特并没有记录或发表他的大部分工作，也没有对他的发现进行后续研究。因此，伽利略被誉为月球陨星坑的发现者。

🌙 哪位天文学家第一个绘制了月球陨星坑地图？

1645 年，波兰天文学家约翰内斯·赫维留绘制了一幅月球地图，包括月球上的 250 个陨星坑和其他地貌。如今，他被誉为月志学的创始人。大约在同一时期，意大利物理学家弗朗西斯科·马里亚·格里马尔迪建造了一架望远镜，并用它绘制了数百幅月球图，然后将这些图合并在一起，形成了反映月球地貌的地图。

🌙 月球上的陨星坑是如何命名的？

月球上单独的陨星坑通常以名人的名字命名，特别是天文学家和其他科学家。官方名称由国际天文学联合会的一个特别委员会批准并记录。

🌙 月球相对于地球的位置始终不变吗？

月球相对于地球的位置是会变化的。月球过去离地球近得多，而且绕地球运行的周期比现在短得多。未来，地球和月球之间的轨道距离将变得更远；地球-月球系统的角动量将大大消散，以至于月球将螺旋式地接近并最终撞向我们的行星。不过，根据计算，在这种情况发生之前，我们的太阳早已在大约 50 亿年后演变成一颗红巨星，摧毁了地球-月球系统。

🌙 月球的暗面是什么？

月球始终背对地球那一面被称为月球的暗面，不过这个叫法是不科学的。经历了数十亿年，月球的自转已经与公转同步，因此月球始终以同一面朝向地球。这种现象被称为潮汐锁定。因此，从地球上永远看不到月球的另一面。虽然这一面有时是黑暗的，但也经常被太阳照亮。因此，科学地讲，月球的"暗面"应该被叫作月球的"背面"。

🌙 为什么月亮这么亮？

月光是经过反射的阳光。生活在约公元前 500 年的古希腊天文学家巴门尼德早就意识到了这一点。根据月球在绕地轨道上的位置，月球的不同部分会将阳光反射到地球上。由于地球和月球靠得这么近，大量阳光经过月球的反射后到达地球。

🌙 为什么月球的形状看上去一直在变？

从地球上观察，照射到月球并反射到地球的阳光量在不断变化，呈现出周期性的模式。那是因为地球绕太阳公转，而月球绕地球公转，造成月球、地球和太阳的相对位置在不断变化。这种有规律的变化模式导致了不同的月相。

🌙 月相是如何变化的？

月球位于地球和太阳之间时，月相是新月。此时，所有照射到月球上的阳光都不会反射到地球上，所以我们根本看不到月球。在接下来的 2 个星期左右的时间里，月相从新月开始，逐渐变为上蛾眉月、上弦月、盈凸月，直到地球位于太阳和月亮之间——此时所有照射到月球上的阳光都会反射到地球上，所以我们能看到月球的整个圆面，这个阶段被称为满月。然后，在满月之后的 2 个星期里，月相会变为亏凸月、下弦月、下蛾眉月，直到再次变为新月。

🌙 月相变化的周期有多长？

月球绕地球运行一周需要 27.3 天，而地球绕太阳运行一周需要 365.25 天。加之月光实际上是反射的阳光，造成月相变化的周期是 29.5 天。

🌙 蓝月亮是什么？

蓝月亮指的是一个历月中的第二次满月。蓝月亮在天文学上并无特殊意义，但日常生活中它是一个有趣的巧合。

潮　汐

月球对人的引力有多大？

虽然月球的质量非常大（7.349×10^{22} 千克），但它离地球非常远（38.4 万千米），因此对地球表面或附近物体的引力很小。它产生的重力加速度大约是地球表面重力加速度的三十万分之一，这个力太弱了，人根本感觉不到。

月球的引力会影响地球吗？

当然会！虽然月球作用于地球上任何一个地方的引力都非常微弱，但月球引力在地球一大片区域上的综合效果却非常明显。最容易观察到的月球引力的影响是海洋潮汐。

潮汐是什么？

两个天体长时间引力相互作用，结果每个天体都会将另一个天体稍稍拉成类似鸡蛋的形状，因为天体一侧的引力大于另一侧。在地球上，这种引力效应最明显的证据就是我们所看到的潮汐。

地球也会引起月球的潮汐吗？

地球确实会影响月球，但由于月球没有地表水，这种影响是不可见的。

潮汐是如何变化的？

每天会有 2 次高潮和 2 次低潮，周期约为 25 小时。高潮发生在水离月球最近和最远的地方。在这两点的中间，就会出现低潮。

地球上的海洋潮汐多久发生一次？

在 25 小时内，地球表面的每一点都会经历一系列的高潮和低潮——先高潮，再低潮，然后又高潮，再低潮。

太阳也会影响地球上的潮汐吗？

是的，太阳也会影响地球上的潮汐，但其影响只有月球的一半左右。虽然太阳的质量比月球大得多，但它距离地球比月球距离地球大约远了 400 倍。潮汐效应和所有引力效应一样，对距离的变化非常敏感。

🌙 大潮是什么？

当月相处于新月或满月阶段时，月球、地球和太阳大致位于一条直线上，因此，地球海洋的潮汐效应会被放大。我们称这些时候的潮汐为大潮。

🌙 小潮是什么？

当月相处于上弦月或下弦月阶段时，地球和月球之间的连线与地球和太阳之间的连线成直角。因此，月球、太阳对地球的潮汐效应完全不会叠加，这时，高潮位与低潮位的差值达到该月的最小值。我们称这些时候的潮汐为小潮。

🌙 月球的潮汐作用是如何影响地球的？

地球地核的液态部分，以及极少的固态部分，也会受到月球引力的轻微拉拽，从而前后移动。这种运动非常微小（比海洋潮汐小得多），但在数十亿年的时间里，这种潮汐活动就像反复挤压你手中的橡胶球一样，地核会因此升温。这种热量最终会扩散到整个地球，影响火山活动和板块构造等。

🌙 地球的潮汐作用是如何影响月球的？

地球对月球的潮汐作用导致月球的自转速度趋缓。月球曾经像现在的地球一样绕自己的轴自转，但潮汐力已经消耗了其自转的大部分能量（物理学上称之为角动量）。如今，月球总是以同一面朝向地球。

🌙 由于地球和月球之间相互的潮汐作用，地球–月球系统最终会怎样？

如果在无限的时间内，地球和月球继续不受干扰地彼此绕转，它们之间的潮汐作用将继续消耗它们的角动量。最终，地球将被月球潮汐锁定，地球将始终以同一面朝向月球的同一面。现在月球的潮汐作用就正在减缓地球的自转速度；100 万年后，地球上的 1 天将比现在长约 16 秒。

历　　法

🌙 **人类是如何根据地球、月球和太阳的相对运动制订历法体系的?**

古代天文学家们注意到 3 种有规律且可预测的时间长度:昼夜周期(一日)、月相周期(一月)以及每天日照时长的周期(一年)。不过,这些古人并没有意识到一天是地球绕其自转轴旋转一周所需的时间,一个月是月球绕地球运行一周所需的时间,而一年是地球绕太阳运行一周所需的时间。

天文学家最终弄清了地球、月球和太阳的相对运动,并改进了纪时系统。例如,他们意识到月球的公转周期(27.3 天)和月相周期(29.5 天)之间的差异是地球绕太阳运动造成的。

人们又根据实用性和传统习俗,将日、月、年细分为更小的单位;通过设置闰年和闰秒等,调和常见的时间单位与产生这些时间单位的天文运动之间的差异。

🌙 **人类利用地球、月球和太阳的相对运动来纪时的历史有多长?**

目前已经发现至少 4 500 年前的古代石刻日历。显然,那时的人类已经建立了系统的方法来记录时间的流逝。

🌙 **谁确定了阳历年的长度?**

早在 5 000 年前,古埃及人就已经制订了一年有 365 天的历法。他们将一年分为 12 个月,每个月 30 天,并在每年年末增加多出来的 5 天。

数千年后,丹麦天文学家第谷·布拉赫以三千万分之一的精确度确定了阳历年的确切长度,即每年仅 1 秒的误差。

🌙 **谁把一个阳历日划分成 24 小时?**

古埃及人最初通过在夜间观测 36 组恒星(称为旬星)来确定阳历日的长度。每组恒星升起和落下的间隔为 40 ~ 60 分钟。在 10 天里,某一组旬星会首先出现在天空中,每晚升起的时间都稍稍推迟,直到另一组旬星首先升起。最早的"小时"是通过每晚天空中新出现的旬星来标记的;根据季节的不同,整晚可以观测到 12 ~ 18 组旬星。最终,官方用尼罗河年度泛滥的仲夏时分的旬星来确定"小时",那时每晚可以看到 12 组旬星（包括天狼星）。因此，夜晚最终被分为 12 个等长的部分。而白天的 12 个小时则是通过一个类似日晷的装置（一个带有凹槽的平杆附在一根横梁上）来标记的。随着太阳位置的移动，横梁会连续在凹槽上投下阴影，指示不同的时间。最终，白天的 12 个小时和夜晚的 12 个小时结合在一起，形成了我们今天使用的 24 小时制。

现代的历年起源于哪里？

我们现在使用的历法，其最初的模型是由古希腊人和古罗马人在公元前 8 世纪创造的。公元前 46 年，在罗马天文学家索西琴尼的帮助下，尤利乌斯·凯撒确立了儒略历。这一历法首次加入了闰年，即每 4 年增加 1 天，因为每年有 365.25 天。儒略历与地球绕太阳公转的实际周期相比，每年仅相差 11 分钟 14 秒，这已经相当惊人了。但经过几个世纪，到 16 世纪时，误差已经累积到近 11 天。

现代的历年创立于什么时候？

1582 年，教皇格列高利十三世与天文学家协商后，对当时的历法进行修改，以消除儒略年长度与地球绕太阳公转周期（非常接近 365.242 2 天）之间的 11 分 14 秒的差距。首先，格列高利历将日期提前了 10 天，确保每年的春分日都在 3 月 21 日。然后，每 400 年减少 3 天。这是通过修改置闰规则来实现的：如果一年能被 4 整除，那么它就是闰年，除非这一年也能被 100 整除；如果一年能被 100 整除，那么它只有在也能被 400 整除的情况下才是闰年。这意味着 1600 年和 2000 年都是闰年，但 1700 年、1800 年和 1900 年不是，而且 2100 年、2200 年和 2300 年也将不是闰年。

格里历是现代历法的基础。它每年的误差在 26 秒（0.000 3 天）以内。现在，为了使历和地球公转周期长期保持一致，根据国际协议，每隔一段时间就会在一年结束时增加一个闰秒。

月相周期是如何影响历法的？

尽管我们日常生活中通常是按照阳历（基于地球绕太阳公转的周期）来安排时间的，但月相周期也在很大程度上影响着我们的生活。许多古老的节日都是根据基于月相的历法来安排的，因此我们仍然会根据月相来确定复活节、逾越节、光明节、斋月和春节的日期。

季　节

🌙 **黄道面是什么？**

黄道面是地球绕太阳公转的轨道平面。古代天文学家虽然不知道地球实际上绕太阳公转，但他们追踪太阳在恒星背景中的移动，画出了一条横跨天际的线，称为黄道。尽管太阳会掩盖其他恒星的光芒，但古代天文学家计算出太阳每天相对于其他恒星所在的位置，并注意到大约每 365 天太阳会回到原来的位置，并再次开始相同的路径。黄道标记了一条环绕天球的环路。天文学家用位于黄道附近的十二个星座来标记这条线。

🌙 **黄道面与地球赤道面有什么区别？**

赤道面是地球赤道向太空无限延伸构成的平面。赤道面并不与黄道面重合，地球的自转角度倾斜了大约 23.5 度。这种倾斜是地球上四季更替的主要原因。

🌙 **为什么地球公转形成了四季？**

有些人认为四季更替是因为地球在冬季离太阳更远，夏季离太阳更近。这是不正确的：地球的椭圆轨道非常接近圆形，因此距离并不是四季形成原因。事实上，地球在每年 1 月初离太阳最近，7 月初离太阳最远。

四季更替与一年中特定时间阳光照射到地球上特定地点的角度有关。阳光的入射角在一年中不断变化，因为地球轴倾斜，并不垂直于黄道面。换句话说，赤道面和黄道面的夹角约为 23.5 度。当地球的一部分向太阳的方向倾斜时，那里就经历夏季；当它向远离太阳的方向倾斜时，那里就经历冬季；在这两个阶段之间，是春季和秋季。

🌙 **四季开始于哪一天？**

就气候和天气而言，季节的开始和结束时间因地球上人们所处的位置而异。但从天

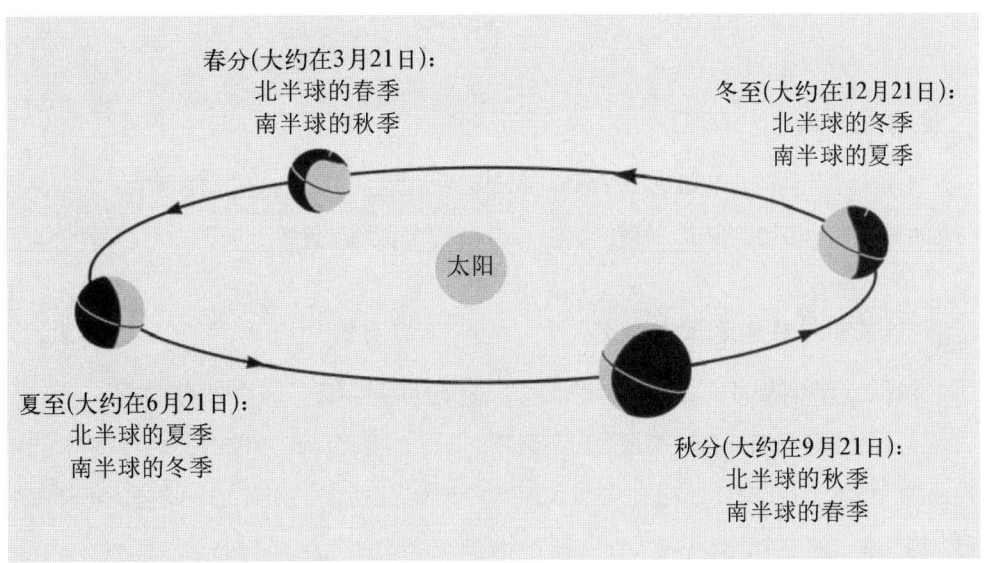

春分(大约在3月21日)：
北半球的春季
南半球的秋季

冬至(大约在12月21日)：
北半球的冬季
南半球的夏季

太阳

夏至(大约在6月21日)：
北半球的夏季
南半球的冬季

秋分(大约在9月21日)：
北半球的秋季
南半球的春季

地球的自转轴有一定的倾斜角度，所以在地球公转时，要么南半球向太阳倾斜，要么北半球向太阳倾斜。这样，就产生了一年的四季更替。

文学的角度来看，春季的第一天是春分日，夏季的第一天是夏至日，秋季的第一天是秋分日，冬季的第一天是冬至日。

🌙 二至日是什么？

二至日是太阳直射南北回归线的日子。在夏至日，白天的时长比一年中的任何其他日子都要长；在冬至日，白天的时长比一年中的任何其他日子都要短。在北半球，夏至日大约在每年的 6 月 21 日，此时北极指向离太阳最近的位置，而冬至日大约在每年的 12 月 21 日，此时北极指向离太阳最远的位置。

🌙 二分日是什么？

二分日是地球运行到赤道面和黄道面相交的位置的时间点。换句话说，在春分日或秋分日时，倾斜的地球轴垂直于地球和太阳之间的连线——地球轴的指向既不朝向也不远离太阳，而是倾斜到一侧。在春分日与秋分日，白天和夜晚的时长相等。在北半球，春分日大约在每年的 3 月 21 日，而秋分日大约在每年的 9 月 21 日。

食

食是什么?

食是一个天体的光线被另一个天体部分或完全遮挡的现象。在太阳系中,太阳、月球和地球的相对位置会形成日食和月食。其中,日全食尤其美丽。

日食和月食多久发生一次?

太阳、月球和地球完全处于一条直线上的情况极其罕见,因为地球绕太阳公转的平面黄道面与月球绕地球公转的平面白道面并不相同。因此,在可能发生日食或月食的新月或满月阶段,月球通常位于地球和太阳之间连线的正上方或正下方,这样就不会发生日食或月食。这三个天体每年大约只有 2 次处于一条直线上。

月食是如何发生的?

当月球移动到地球的阴影中,即地球经过太阳和月球之间时,就会发生月食。发生

▎月食的不同阶段

月偏食时，月球表面会出现地球弯曲的影子；月球看起来有点像处于蛾眉月阶段，但明暗交界线的弯曲弧度与蛾眉月时不同。发生月全食时，整个月球都处于地球的阴影中，月球看起来是满月，但只发出微弱的红光。

怎样观赏月食？

正如一些天文学家开玩笑说的那样，观赏月食的最佳方式就像看油漆变干一样。月食从开始到结束会持续数小时，观赏时不需要任何防护设备。

在哪里能看到月食？

月食从开始到结束往往会持续数小时。月全食阶段（即月球处于地球阴影中最暗的区域，地球阻挡了所有本应直射到月球上的阳光）通常持续 1 个多小时。只要处于夜晚，任何地区都能看到月食。

为什么在月全食阶段仍然能看到月球？

地球的大气层密度够大，可以起到一点透镜的作用，因此少量阳光会被大气层折射，射向月球。这一小部分光主要是红光，因为红光的折射效果最好。红光被月球表面反射，回到地球。在月全食阶段之前和之后，与月球反射的直射阳光相比，这部分光非常微弱，我们肉眼几乎看不到。在月全食阶段，我们就可以看到柔和的红色光晕，那正是地球大气层折射的光。

日食是如何发生的？

当日月地三者恰好或几乎在同一直线上，且月球位于太阳和地球之间时，就会发生日食。月球的影子掠过地球表面，在投影的地方，人们就会看到日食。和地球的影子一样，月球的影子也由两部分组成：一个黑暗的中心区域，称为本影，以一个及围绕本影的较亮的区域，称为半影。在半影区域内会发生日偏食，在本影区域内会发生日全食或日环食。

日食持续多久？

从部分被覆盖开始到完全不被遮挡结束，日食的整个过程通常持续大约 1 个小时。

然而，日全食阶段最多只持续几分钟。大多数日全食的持续时间为 100～200 秒，也就是大约 2～3 分钟。此外，每次日食，地球上只有很小的区域能观测到日全食。因此，在地球上的任何位置，日全食可能每隔几个世纪才会出现一次。

🌙 日环食是什么？

由于月球围绕地球运行的轨道略呈椭圆形，而不是完美的圆形，因此月球与地球之间的距离并不是始终相同的。如果在月球距离地球较近的点上，月球的本影落在地球表面，就会发生日全食。但如果日食时月球恰好离地球太远，月球的阴影就不足以完全阻挡太阳的光线。在这种情况下，太阳看起来就像围绕月球轮廓发光的环带，这就是日环食。

🌙 日全食是什么样的？

在日全食阶段，太阳看起来像一个边缘发光的黑色圆盘。边缘的光实际上是日冕，它在正常情况下是看不见的，因为太阳太亮了。远离日冕的地方，天空是黑暗的，所以那些通常只能在夜晚看到的行星和恒星也能被观测到。

🌙 怎样观察日食？

太阳光非常强烈，即使在日偏食时直视太阳，都可能对眼睛造成永久性损伤。千万不要在没有适当的眼部防护的情况下直视日食时的蛾眉日。可以使用特制的太阳镜、焊工眼镜或由厚聚酯薄膜制成的滤光片，但一定要确保它们达到了观测太阳的等级，并且没有任何损坏。

有一种安全的间接观察日偏食（或任何其他时间的太阳）的方法——使用简单的针孔照相机。取两块纸板，其中一块的一面是白色的。用针在一块纸板上戳一个小孔。背对太阳，将有小孔的纸板举起，

在日全食时，只要你对眼睛做好有效防护，就有可能很好地观测到日冕。

使阳光射入小孔。现在将另一块纸板，白色表面朝上，放在第一块纸板下方，使通过小孔的阳光在白色表面上成像。调整两块纸板之间的距离，使太阳的图像聚焦。这样你就可以观察底部的纸板，跟踪身后的日食进展。

只有在日全食阶段，你可以安全地直视太阳而无需眼部防护。日全食最多只持续几分钟，但如果你有幸得见，请尽情欣赏！如果有机会，也请多拍些照片——在日全食期间，普通的没有滤色功能的照相机也不会受损。

🌙 为什么日食时月球能如此完美地遮住太阳，让人们只能看到日冕，看不到太阳本身？

月球的直径比太阳的直径小近 400 倍。巧合的是，太阳到地球的距离也恰好是月球到地球距离的 400 倍左右。这就是为什么从地球上看，月球的大小和太阳差不多。所以月球能如此完美地遮住太阳，形成如此美丽的日全食——漆黑的太阳圆面周围环绕着缥缈的闪闪发光的日冕。